ディープラーニングがわかる数学入門

涌井良幸・涌井貞美 著

技術評論社

はじめに

　近年、人工知能（AI）という言葉がマスコミを騒がせています。そのAIの実現手段の一つが**ディープラーニング**です。このディープラーニングが、何が画期的なのかを見てみましょう。
　次の図は3枚の花の写真です。この花は同一の名を冠していますが、それは何でしょうか？

　答はバラです。大きさも形も違いますが、確かにバラの写真です。人は当然のように、バラの花の写真を見て「これはバラの花」と認識できます。
　コンピュータや数学の世界では、物の形を認識することを**パターン認識**と呼んでいます。このバラの花の例はそのパターン認識の一例です。そして、人はパターン認識を日々当然のこととして実行しています。街を歩いていて「あれは人」「これは机」「それはペン」など、無意識に物の区別、すなわちパターン認識を行っているのです。
　しかし、このように人が当たり前と思っていることを、いざ機械にやらせようと思うと、困難を極めます。例えばたくさんの花の写真があり、そこからバラの花だけを抽出せよ、というパターン認識のプログラムを作成しようと思うと途方に暮れてしまいます。
　実際、20世紀までの論理では、パターン認識に対処する理論の作成は挫折の連続でした。例えばバラの花のパターン認識では、20世紀の論理は「バラとはこのような特徴を持ったもの」と教え込もうとしました。しかし、大きな成功を収めることはありませんでした。花の形が多様すぎるからです。同じバラの花でも時々刻々色は異なり、形を変えます。いわんや異種のバラでは色も形も大きく異

なります。そのような多様なものから一つの概念である「バラ」を導き出すのは神業のように思えます。

　ところが、21世紀に入って画期的な方法が開発されしました。**ニューラルネットワーク**と呼ばれる数学的な技法です。動物の神経細胞を真似た「ユニット」を積み重ね、ネットワークを作ります。そして、そのネットワークにたくさんのバラの花を見せ、自ら学習させるのです。この方法は20世紀型のパターン認識の論理に比べ大きな成功を収めることになります。特に、ニューラルネットワークを多層に構造化した**畳み込みニューラルネットワーク**と呼ばれる手法を用いると、人や猫ですらも写真や動画の中から認識できるようになったのです。このような仕組み持つニューラルネットネットで実現される人工知能がディープラーニングです。

　さて、「自ら学習」などというと難しく聞こえますが、ニューラルネットワークは数学的に大変簡単な理論です。基本的には高等学校で習う数学の世界です。しかし、多くの文献では式が多用され専門用語が飛び交って、その本質が見えにくくなっています。残念ながら初学者にはニューラルネットワークの数学的構造がつかみ辛いのです。今後の人工知能発展にとって、これは大きな不幸であり、障壁です。本書はこの障壁を取り崩し、誰もがニューラルネットワークの面白さを共有できることを目的とした人工知能の入門書です。初等的な数学からディープラーニングのアイデアを詳しく解説することをミッションとしています。

　人は基礎がわかり本質を理解すれば、応用の世界に自由に羽ばたけます。本書が21世紀の人工知能の世界の発展に少しでも役立つことを祈願します。

　最後になりましたが、本書の企画から上梓まで一貫してご指導くださった技術評論社渡邉悦司氏にこの場をお借りして感謝の意を表させていただきます。

2017年春
著者

目次

はじめに 002
本書の使い方 007
Excelサンプルファイルのダウンロードについて 008

1章 ニューラルネットワークの考え方

1 ニューラルネットワークとディープラーニング 010
2 ニューロンの働きの数学的表現 014
3 ニューロンの働きを一般化する活性化関数 020
4 ニューラルネットワークとは 026
5 ニューラルネットワークのしくみを悪魔が解説 031
6 悪魔の働きをニューラルネットワークの言葉に翻訳 039
7 ネット自らが学習するニューラルネットワーク 045

2章 ニューラルネットワークのための数学の基本

1 ニューラルネットワークに必須の関数 048
2 ニューラルネットワークの理解に役立つ数列と漸化式 055
3 ニューラルネットワークで多用されるΣ記号 060
4 ニューラルネットワークの理解に役立つベクトル 062
5 ニューラルネットワークの理解に役立つ行列 071
6 ニューラルネットワークのための微分の基本 075

7	ニューラルネットワークのための偏微分の基本	081
8	誤差逆伝播法で必須のチェーンルール	085
9	勾配降下法の基礎となる多変数関数の近似公式	089
10	勾配降下法の意味と公式	093
11	勾配降下法をExcelで体験	102
12	最適化問題と回帰分析	105

3章 ニューラルネットワークの最適化

1	ニューラルネットワークのパラメータと変数	112
2	ニューラルネットワークの変数の関係式	121
3	学習データと正解	124
4	ニューラルネットワークのコスト関数	129
5	Excelを用いてニューラルネットワークを体験	138

4章 ニューラルネットワークと誤差逆伝播法

1	勾配降下法のおさらい	144
2	ユニットの誤差 δ_j^l	151
3	ニューラルネットワークと誤差逆伝播法	157
4	ニューラルネットワークの誤差逆伝播法をExcelで体験	164

5章 ディープラーニングと畳み込みニューラルネットワーク

1 畳み込みニューラルネットワークのしくみを小悪魔が解説 …… 178
2 小悪魔の働きを畳み込みニューラルネットワークの言葉に翻訳 …… 184
3 畳み込みニューラルネットワークの変数の関係式 …… 190
4 Excelを用いて畳み込みニューラルネットワークを体験 …… 203
5 畳み込みニューラルネットワークと誤差逆伝播法 …… 210
6 畳み込みニューラルネットワークの誤差逆伝播法をExcelで体験 …… 223

付録

A 訓練データ（1） …… 233
B 訓練データ（2） …… 234
C パターンの類似度の数式表現 …… 236

索 引 …… 237

本書の使い方

- 本書は、ニューラルネットワークを理解するのに必要な数学の基礎を提供することを目的とします。直感を重視するので、図を多用し、具体例で解説しています。そのため、数学の厳密性は第二にしています。
- ディープラーニングの世界は色々ですが、本書は階層型ニューラルネットワークと畳み込みニューラルネットワーク（CNN）を画像認識に応用することを念頭に置いています。
- 活性化関数はシグモイド関数を考えますが、それ以外にも対応できるよう配慮しています。
- 数学的な最適化は最小2乗法を基本としますが、それ以外にも対応できるよう配慮しています。
- ニューラルネットワークの決定には「教師あり」と「教師なし」の2種があります。本書は前者の「教師あり」タイプを解説します。
- AIの文献の難読性の一つは、文献による記号表現の不統一性にあります。本書では、Web上の文献で使われている最大公約数的な記号表現を採用しています。
- 本書の理解にExcelの知識は不要です。ただし、理論の検証にExcelを利用しています。Excelはシート上で視覚的に論理を追えるので、理解のためのツールとしては秀逸だからです。そのため、該当項目ではExcelの基本的な知識を前提とします。
- 参照先を付す場合、章内場所を示すときには章番号を付していません。

Excelサンプルファイルのダウンロードについて

　本文中で使用するExcelのサンプルファイルをダウンロードすることができます。手順は次のとおりです。

① http://gihyo.jp/book/2017/978-4-7741-8814-0/support にアクセス
② 「サンプルファイルのダウンロードは以下をクリックしてください」の下にある「Excelサンプルファイル」をクリック
③ 任意の場所に保存

● サンプルファイルの内容

項目名	ページ	ファイル名	概要
2章§11 勾配降下法をExcelで体験	P102	2_11 勾配降下法.xlsx	勾配降下法の原理を簡単な例で確認します。
3章§5 Excelを用いて ニューラルネットワークを体験	P138	3_5 NN(ソルバ解).xlsx	誤差逆伝播法を用いず、直接Excelで最適化を実行し、ニューラルネットワークネットを決定します。
4章§4 ニューラルネットワークの 誤差逆伝播法をExcelで体験	P164	4_4 NN(誤差逆伝播法).xlsx	誤差逆伝播法を用いて、ニューラルネットワークネットを決定します。
5章§4 Excelを用いて畳み込み ニューラルネットワークを体験	P203	5_4 CNN(ソルバー解).xlsx	誤差逆伝播法を用いず、直接Excelで最適化を実行し、畳み込みニューラルネットワークを決定します。
5章§6 畳み込みニューラルネットワーク の誤差逆伝播法をExcelで体験	P223	5_6 CNN(誤差逆伝播法).xlsx	誤差逆伝播法を用いて、畳み込みニューラルネットワークネットを決定します。
付録A 訓練データ(1)	P234	付録A.xlsx	4章の例題の画像データ。
付録B 訓練データ(2)	P235	付録B.xlsx	5章の例題の画像データ。

注意
・本書は、Excel 2013で執筆しています。他のバージョンでの動作検証はしておりません。
・ダウンロードファイルの内容は、予告なく変更することがあります。
・ファイル内容の変更や改良は自由ですが、サポートは致しておりません。

1章
ニューラル
ネットワークの
考え方

人工知能（AI）の分野で、近年大きな話題を集めているのがニューラルネットワークです。これを発展させた「ディープラーニング」は経済や社会のニュースに毎日のように取り上げられています。本章では、ニューラルネットワークがどんなものか、また数学がどのように関与するかを鳥瞰してみましょう。直感的な理解のために多少荒っぽい例え話もありますがご容赦ください。

| 1章 | ニューラルネットワークの考え方

ニューラルネットワークとディープラーニング

　人工知能（AI）という言葉がマスコミや経済界を騒がせています。そのAIの代表的な実現手段の一つが**ディープラーニング**です。ここで、いま話題のディープラーニングとはどのようなものかについて調べてみましょう。

注目を浴びるディープラーニング

　ディープラーニング（Deep Learning）は**深層学習**と訳されています。これに関する話題として、大きく取り上げられた報道記事をいくつか表にしてみましょう。

年	記事
2012年	世界的な画像認識コンテストILSVRCで、ディープラーニングの手法を用いたSupervisionという手法が圧勝。
2012年	Googleの開発したディープラーニングの手法を用いたAIがユーチューブの画像から猫を認識する。
2014年	Apple社はSiriの音声認識を、ディープラーニングの手法を用いたシステムに変更。
2016年	Googleの開発したディープラーニングの手法を用いたAI「アルファ碁」が世界トップ級の棋士と勝負し、勝ちを収める。
2016年	AUDIやBMW社で、自動車の自動運転にディープラーニングの手法が利用される。

　この表が示すように、ディープラーニングは人工知能（AI）の分野で大きな成功を収めています。ところで、このディープラーニングとはいったい何でしょうか？　その日本語訳は「深層学習」ですが、その「深層」とは何を意味するのでしょうか？　この疑問に答えるために、まず**ニューラルネットワーク**（略して**ニューラルネット**、**NN**（neural network））について調べることにします。ディープラーニングはニューラルネットワークが出発点だからです。

ニューラルネットワーク

ニューラルネットワークのアイデアを語るには、生物学で扱われる神経細胞から話し始める必要があります。

生物学の地道な研究の成果から、脳を形作る神経細胞（ニューロン）について次の知見が得られています（詳細は§2で調べます）。

（ⅰ）　神経細胞はネットワークを形作っている。
（ⅱ）　他の複数の神経細胞から伝えられる信号に対して、その和が或る一定の大きさ（しきい値）を超えなければ、神経細胞はまったく反応しない。
（ⅲ）　他の複数の神経細胞から伝えられる信号に対して、その和が或る一定の大きさ（しきい値）を超えると、神経細胞は反応し（**発火**といいます）、別の神経細胞に一定の強さの信号を伝える。
（ⅳ）　（ⅱ）（ⅲ）において、複数の神経細胞から伝えられる信号の和は、信号ごとにその重みが異なる。

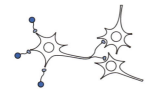
ニューロンに信号が入力

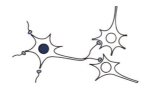
細胞体は信号の和を判定

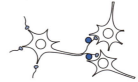
信号の和がしきい値より大のとき、発火し隣のニューロンに伝える

このニューロンの働きを数学的に抽象化し、それを単位（**ユニット**）として人工的にネットワーク化したものが**ニューラルネットワーク**です。脳を形作るニューロンの集合体を数学的モデルにしたものがニューラルネットワークの出発点なのです。

ニューラルネットワークの実現する人工知能

　昔のSF映画やアニメを見ればわかるように、人工知能は古くから知られているアイデアです。では、古くから研究されている人工知能と、ニューラルネットワークで語られる人工知能とはどこが違うのでしょうか。それは、ニューラルネットワークで語られる人工知能は過去のデータを自ら学ぶという点です。

　以前の人工知能は、人が様々な知識を教え込むことを前提として作られています。それは産業用ロボットなどで大きな成功を収めました。

産業用ロボット
このロボットの多くには、人が教え込むタイプの人工知能が利用されている。各界の達人の技まで習得したロボットも多い。

　それに対してニューラルネットワークが実現する人工知能は、人は単にデータを提供するだけです。データが供されたニューラルネットワークは、それをネットワークの関係の中で自ら学び理解します。

20世紀型の人工知能の問題点

　20世紀型の「人が教え込む」人工知能は、現代様々な分野で活躍しています。しかし、活躍できない分野もあります。その一つがパターン認識です。その簡単な例を次の 例題 で見てみましょう。

> 例題　縦横8×8画素で読み取った手書きの数字1文字の画像があります。それが「0」か否かをコンピュータで判別させる論理を考えましょう。

　この画像に読み取られた手書き数字として、例えば、次のようなものがあったとしましょう。

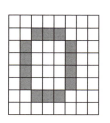 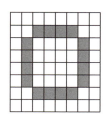 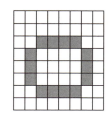 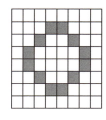

　これらは、大きさや形が異なりますが、どれも数字0が「正解」とみなせます。ところで、これらを「数字0である」とコンピュータにどう教えればよいでしょうか？

　コンピュータで処理するには数式表現が必要です。しかし、この 例題 のような場合、20世紀まで常套手段として用いられてきた「0とはこのような形である」と数式で教え込む方法は対応が困難です。ましてや、下記に示すような悪筆の文字や、読み取り時に雑音が影響した文字については、人は何とか「0」と判読できても、その判読条件を数学的に表現し、コンピュータに教え込むのは不可能でしょう。

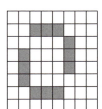 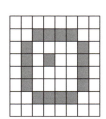 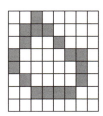 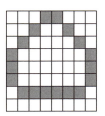

　この簡単な 例題 からわかるように、20世紀型の「教え込む」タイプの人工知能は画像や音声のパターン認識に向いていません。全てを教え込むことなど、現実的にはできないからです。

　ところが、21世紀に入って、このような問題を簡単に解決する方法が見出されました。それがニューラルネットワークであり、それを発展させたディープラーニングです。先にも述べたように、与えられたデータから自ら学ぶという画期的な手法を用いる解決方法です。

　このように記述すると、ニューラルネットワークは何か不思議な世界の論理のように聞こえます。しかし、数学的な原理は至って容易です。そのことを解き明かすのが本書の目的です。

2 ニューロンの働きの数学的表現

§1で見たように、ニューラルネットワークは神経細胞をモデル化したものが出発点です。ここでは、神経細胞の働きを§1よりも少し詳しく調べ、それを数学的に抽象化してみましょう。

神経細胞の働きを整理

人の脳の中には多数の神経細胞（すなわち**ニューロン**）が存在し、互いに結びついてネットワークを形作っています。すなわち、一つのニューロンは他のニューロンから信号を受け取り、また他のニューロンへ信号を送り出しています。脳はこのネットワーク上の信号の流れによって様々な情報を処理しているのです。

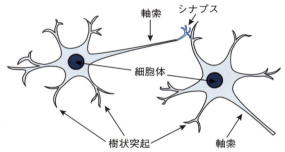

ニューロン（神経細胞）の模式図
神経細胞は、主なものとして細胞体、軸索、樹状突起からなる。樹状突起は他のニューロンから情報を受け取る突起であり、軸索は他のニューロンに情報を送り出す突起である。樹状突起が受け取った電気信号は細胞体で処理され、出力装置である軸索を通って、次の神経細胞に伝達される。ちなみに、ニューロンはシナプスを介して結合し、ネットワークを形作っている。

ニューロンが情報を伝える仕組みをもう少し詳しく見てみましょう。上の図に示すように、ニューロンは細胞体、樹状突起、軸索の3つの主要な部分から構成されています。他のニューロンからの信号（入力信号）は樹状突起を介して細胞体（すなわちニューロン本体）に伝わります。ニューロン本体は他の複数の

ニューロンからの入力信号を合わせ加工し、それを軸索の先端のシナプスから他のニューロンに渡します。

では、どのようにニューロンは入力信号を合わせ加工するのでしょうか。その仕組みを見てみましょう。

あるニューロンが複数の他のニューロンから入力信号を受け取ったとしましょう。このとき、複数のニューロンから得た信号の和が小さく、そのニューロン固有のある境界値（これを**しきい値**と呼びます）を超えなければ、そのニューロンの細胞体は受け取った信号を無視し何も反応しません。

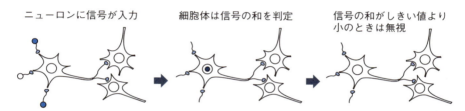

(注) 生命にとって、ニューロンが小さい入力信号を無視することは大切なことです。そうでないと、ちょっとした信号の揺らぎにニューロンは興奮することになり、神経系は「情緒不安定」になってしまいます。

ところが、入力信号の和がそのニューロン固有の境界値（すなわちしきい値）を超えると、細胞体は反応し、軸索をつなげている他のニューロンに信号を伝えます（このようにニューロンが反応することを**発火**といいます）。

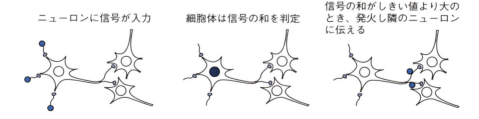

さて、発火したときのニューロンの出力信号はどのようなものでしょうか？ 面白いことに、それは一定の大きさなのです。たとえ近隣のニューロンから大きな刺激を得たとしても、また、複数のニューロンへ軸索をつなげていても、そのニュー

ロンは決まった大きさの信号しか出力しないのです。発火という出力情報は0か1で表せるデジタル情報なのです。

ニューロンの働きを数学的に表現

いま調べたニューロンの発火の仕組みを整理してみます。

（ⅰ） 他の複数のニューロンからの「信号の和」がニューロンの入力になる。
（ⅱ） その「信号の和」がニューロンの固有のしきい値を超えると発火する。
（ⅲ） ニューロンの出力信号は発火の有無を表す0と1のデジタル信号で表現できる。複数の出力先があっても、その値は同一である。

このニューロンの発火の仕組みを数学的に表現してみましょう。

まず入力信号を数式で表現します。入力信号は隣のニューロンからの出力信号なので、（ⅲ）から、入力信号は「有り」「無し」の2情報で表せます。そこで、入力信号を変数xで表すとき、xは次のように表現できます。

$$\begin{cases} 入力信号無し：x = 0 \\ 入力信号有り：x = 1 \end{cases}$$

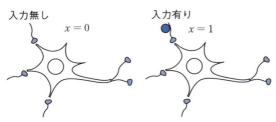

ニューロンへの入力信号は、デジタル的に$x = 0$、1で表現される。

(注) 例えば視細胞に直接つながるニューロンなどはこの限りではありません。視細胞からの入力はアナログ的だからです。

次に出力信号を数式で表現しましょう。（ⅲ）から、出力信号も発火の有無、すなわち、出力信号の「有り」「無し」の2情報で表せます。そこで、出力信号を変数yで表すとき、yは次のように表現できます。

$$\begin{cases} 出力信号無し : y = 0 \\ 出力信号有り : y = 1 \end{cases}$$

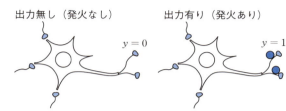

ニューロンの出力信号は、デジタル的に $y = 0$、1で表現される。この図では出力先が2つあるが、出力信号の大きさは同じ。

最後に、発火の判定を数学で表現しましょう。

（ⅰ）（ⅱ）から、ニューロンの発火の有無は他からの入力信号の和で判定されますが、その和の取り方は単純でないはずです。例えばテニスの試合中、視覚神経からの信号と聴覚神経からの信号に対して、脳は「重み」を変えて処理するでしょう。そこで、その重みを考慮した信号和がニューロンへの入力信号になるはずです。数学的にいうと、例えば、隣接するニューロン1、2、3からの入力信号を各々 x_1、x_2、x_3 で表すとき、対象のニューロンへの入力信号は次のように表現できるでしょう。

$$w_1 x_1 + w_2 x_2 + w_3 x_3 \quad \cdots (1)$$

この式の中の w_1、w_2、w_3 が入力信号 x_1、x_2、x_3 に対する**重み**（weight）です。

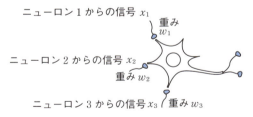

他のニューロンからの入力信号 x_1、x_2、x_3 に対して、ニューロンは重み w_1、w_2、w_3 を掛けて入力信号としている。それが(1)。

(注)「重み」は**結合荷重**、**結合負荷**とも呼ばれます。本書は「重み」という言葉を利用します。

さて、（ⅱ）から、ニューロンはその信号和がしきい値を超えると発火し、越えなければ発火しません。すると、「発火条件」は式(1)を利用すると、次のように表現できます。

出力信号無し $(y=0): w_1x_1+w_2x_2+w_3x_3 < \theta$
出力信号有り $(y=1): w_1x_1+w_2x_2+w_3x_3 \geqq \theta$ 〉 …(2)

ここで θ はそのニューロン固有のしきい値です。

例1 二つのニューロン1、2からの入力信号を各々変数 x_1、x_2、重みを w_1、w_2 とします。また、対象とするニューロンのしきい値を θ とします。$w_1=5$、$w_2=3$、$\theta=4$ のとき、信号和 $w_1x_1+w_2x_2$ の値と発火の有無を表す出力信号 y の値を調べましょう。

入力 x_1	入力 x_2	和 $w_1x_1+w_2x_2$	発火	出力信号 y
0	0	$5\times0+3\times0=0<4$	無し	0
0	1	$5\times0+3\times1=3<4$	無し	0
1	0	$5\times1+3\times0=5\geqq4$	有り	1
1	1	$5\times1+3\times1=8\geqq4$	有り	1

発火の条件のグラフ表現

発火の条件 (2) を視覚化してみましょう。ニューロンへの入力となる信号和 (1) を横軸に、そのニューロンの出力信号 y を縦軸にとって、条件 (2) をグラフ化してみます。それが下図です。和 (1) が θ より小さいか、それ以上かで 0 と 1 の値をとっています。

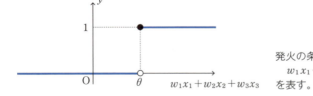

発火の条件のグラフ化。横軸は信号和 $w_1x_1+w_2x_2+w_3x_3$ を表す。

このグラフを関数の式として表現しましょう。このとき役立つのが次の**単位ステップ関数**です。

$$u(z)=\begin{cases}0 & (z<0)\\ 1 & (z\geqq0)\end{cases}$$

単位ステップ関数のグラフは次のようになります。

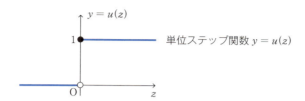

単位ステップ関数 $u(z)$ を利用すると、先のグラフに示した発火の条件 (2) は次のように簡単に1つの式で表現できます。

発火の式：$y = u(w_1 x_1 + w_2 x_2 + w_3 x_3 - \theta)$ … (3)

この式 (3) が (2) と同一であることを次の表で確かめてください。

y	$w_1 x_1 + w_2 x_2 + w_3 x_3$	$z = w_1 x_1 + w_2 x_2 + w_3 x_3 - \theta$	$u(z)$
0（無発火）	θ より小	$z < 0$	0
1（発火）	θ より大	$z \geqq 0$	1

ちなみに、この表の中の z（式 (3) のステップ関数の引数）の式

$z = w_1 x_1 + w_2 x_2 + w_3 x_3 - \theta$ … (4)

を、そのニューロンに対する**重み付き入力**と呼びます。

> **メモ** $w_1 x_1 + w_2 x_2 + w_3 x_3 = \theta$ の扱い
>
> 文献によって、式 (2) の不等号が次のようになっていることがあります。
>
> $\begin{cases} 出力信号無し (y=0)：w_1 x_1 + w_2 x_2 + w_3 x_3 \leqq \theta \\ 出力信号有り (y=1)：w_1 x_1 + w_2 x_2 + w_3 x_3 > \theta \end{cases}$
>
> 生物には大きな違いかもしれませんが、これからの議論では問題になりません。単位ステップ関数は利用されないからです。主役はシグモイド関数になり、このような問題が発生しないのです。

3 ニューロンの働きを一般化する活性化関数

前節§2では、ニューロンの働きを数式で表現しました。本節では、更に数学的な一般化を試みましょう。

ニューロンの図を簡略化

前節§2ではニューロンを下図のように表現しました。少しでもニューロンのイメージに近づけたいためです。

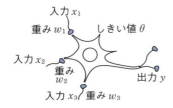

ニューロンのイメージ（入力が3つ、出力先が2つの場合）。軸索から出力先が2つに分岐しているが、出力値は同一。

しかし、ネットワークを描くためには、たくさんのニューロンを描かねばなりません。それにはこの図は不向きです。そこで、次のように簡略した図を用います。こうすれば、たくさんのニューロンを描くのが容易です。

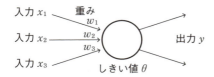

上のニューロンの略式図。矢の向きで入出力を区別。ニューロンの出力として2本の矢が出ているが、その値 y は同一値。

このように簡略され抽象化されたニューロンを、生物学的なニューロンと区別して**ユニット**（unit）と呼ぶことにします。

（注） ユニットを「ニューロン」と呼ぶ文献も多くあります。本書では生物的な言葉の響きを持つニューロン（神経細胞）と区別するために、このユニット（単位）という語を利用します。また、ユニットのことを人工ニューロンと呼ぶ文献もありますが、現代において、生物的な人工ニューロンも存在するので、やはり使用しません。

活性化関数

ニューロンを表す図をこのように抽象化すると、出力信号についても生物的な制限を取り払い、一般化したくなります。

生物学的なニューロンでは、発火の有無に応じて出力 y は 0 と 1 を値として取りました（下図）。

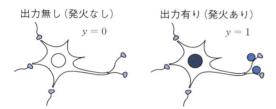

発火の有無は大きさ 0 と 1 のどちらかで表現。

しかし、「生物」という条件を取り去れば、この「0 と 1 の制限」は解除してもよいでしょう。このとき、発火の有無を表現する次の式（→ §2 の式 (3)）は修正が必要になります。

発火の式 : $y = u(w_1 x_1 + w_2 x_2 + w_3 x_3 - \theta)$ … (1) （§2 の式 (3)）

ここで、u は単位ステップ関数ですが、これを次のように一般化するのです。

$$y = a(w_1 x_1 + w_2 x_2 + w_3 x_3 - \theta) \cdots (2)$$

この関数 a はモデル作成者が定義する関数で、**活性化関数**（activation function）と呼ばれます。x_1、x_2、x_3 はモデルの許す任意の数、y は関数 a の取りえる任意の数とします。この式 (2) こそが、今後のニューラルネットワークの出発点になります。

(注) 活性化関数は**伝達関数**、または英語そのままの**アクティベーション関数**とも呼ばれます。本書では「活性化関数」という言葉を利用します。(2) は 3 つの入力だけを考えていますが、それを一般化するのは容易でしょう。なお、(1) で用いた単位ステップ関数 $u(z)$ も数学的には活性化関数の一つです。

今後の出発点になる式 (2) で、出力 y は 0 と 1 とに限らないことに注意してください。式 (1) では算出される y の値が 0 か 1 かで発火の有無を表現しました。

しかし、式 (2) で算出される y の値は 0 と 1 に限らず、解釈が単純ではありません。敢えて生物的な比喩を用いると、ユニットの「興奮度」「反応度」「活性度」と考えられます。

ニューロンとユニットの相違点を表にまとめましょう。

	ニューロン	ユニット
出力値 y	0 か 1	モデルが許す任意の数
活性化関数	単位ステップ関数	分析者が与える。シグモイド関数 (後述) が有名
出力の解釈	発火の有無	ユニットの興奮度、反応度、活性度

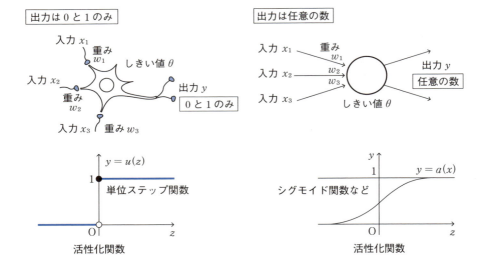

ニューロンの発火の式 (1) をユニットの活性化関数の式 (2) に一般化することが有効か否かは、実際にそのように作成したモデルが現実のデータを上手に説明できるかどうかで確かめられます。結果として、式 (2) で表現されるモデルは、多くのパターン認識の問題ですばらしい成果をあげています。

シグモイド関数

活性化関数の代表例はシグモイド関数 $\sigma(z)$ です。この関数 $\sigma(z)$ は次のように定義されます。

$$\sigma(z) = \frac{1}{1+e^{-z}} \quad (e = 2.718281\cdots) \quad \cdots (3)$$

　詳細は後に触れることにして（→2章§1）、この関数のグラフを見てみましょう。シグモイド関数 $\sigma(z)$ の出力値は0より大きく1より小さい任意の値です。また、どこをとっても滑らか、すなわち微分可能です。これら2つの性質がシグモイド関数を扱いやすくしてくれます。

右が活性化関数の代表例のシグモイド関数 $\sigma(z)$ のグラフ。原点付近のふるまいを除いて単位ステップ関数（左）と似ている。シグモイド関数はどこでも微分可能という扱いやすい性質を持っている。ちなみに、シグモイドとは「Σ（シグマ）に似ている」の意。

　単位ステップ関数の出力値は0か1です。発火の有無を表現するからです。しかし、シグモイド関数は0より大きく1より小さい値を出力し、解釈しづらいところがあります。敢えて生物的に解釈すれば、左記の表に示したように、ユニットの「興奮度」「反応度」を表していると考えられます。出力値が1に近いと興奮度が高く、0に近ければ冷めていると考えられます。

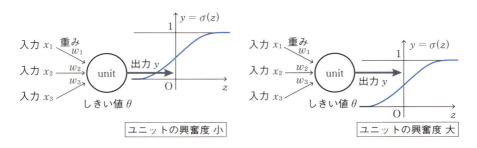

　本書は、活性化関数としてシグモイド関数 $\sigma(z)$ を標準として利用します。計算がしやすいという美しい性格を持っているからです。数学的には単調に増加し微分可能な関数であれば、何に代替しても原理的な変化はありません。活性化関

数をシグモイド関数に特化することは、これからの解説を一般化する際に大きな障りにはならないでしょう。

バイアス

活性化関数の式(2)を見てください。

$y = a(w_1 x_1 + w_2 x_2 + w_3 x_3 - \theta)$ …(2)(再掲)

ここでθは「しきい値」と呼ばれ、生物的にはニューロンの個性を表現する値です。直感的に言えば、θが大きければ興奮しにくく(すなわち鈍感)、小さければ興奮しやすい(すなわち敏感)という感受性を表します。

ところで、θだけマイナス記号が付いていて美しくありません。美しさが欠けることは数学が嫌うところです。また、マイナスは計算ミスを誘発しやすいという欠点を持ちます。そこで、$-\theta$をbと置き換えましょう。

$y = a(w_1 x_1 + w_2 x_2 + w_3 x_3 + b)$ …(4)

こうすれば式として美しく、計算ミスも起こりにくくなります。このbを**バイアス**(bias)と呼びます。

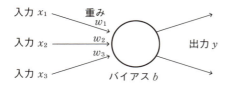

入力x_1、x_2、x_3、重みw_1、w_2、w_3、バイアスb、そして出力yは(4)式で結ばれている。

本書はこの形式(4)を標準式として利用します。ちなみに、このとき**重み付き入力**z(→ §2)は次のように書き下せます。

$z = w_1 x_1 + w_2 x_2 + w_3 x_3 + b$ …(5)

これら(4)(5)式が、今後のニューラルネットワークの話の出発点となる大切な式です。

なお、生物的には重みw_1、w_2、w_3、しきい値$\theta(=-b)$は負の数にはなりません。自然現象で負の数は実質的に表れることはないからです。しかし、ニューロンを一般化したユニットでは、負の数も許されます。

> **問** 右の図のユニットがあります。図に示すように、入力x_1の重みは2、入力x_2の重みは3とします。また、バイアスは−1とします。このとき、入力が下記表で与えられているとき、重み付き入力z、出力yを求めましょう。ただし、活性化関数はシグモイド関数とします。
>
>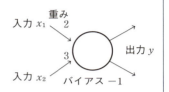
>
> | 入力x_1 | 入力x_2 | 重み付き入力z | 出力y |
> |---|---|---|---|
> | 0.2 | 0.1 | | |
> | 0.6 | 0.5 | | |

解 次の表のように求められます((3)のeは$e=2.7$として計算)。

入力x_1	入力x_2	重み付き入力z	出力y
0.2	0.1	$2\times0.2+3\times0.1-1=-0.3$	0.43
0.6	0.5	$2\times0.6+3\times0.5-1=1.7$	0.84

Memo 式(5)の表現

式(5)を次のようにアレンジしてみましょう。

$$z = w_1x_1 + w_2x_2 + w_3x_3 + b\times1 \quad \cdots (6)$$

これは仮想の入力を1つ増やし、そこからは常に1の入力があるという解釈が可能になります(右図)。

すると、重み付き入力zは次の2つのベクトルの内積と考えられます。

$(w_1, w_2, w_3, b)(x_1, x_2, x_3, 1)$

内積の計算はコンピュータが得意とするところです。したがって、このように解釈すると、計算が容易になります。

4 ニューラルネットワークとは

本書のメインテーマであるニューラルネットワークについて、それがどのようなものなのか、概要を見てみましょう。

ニューラルネットワーク

前の節（§3）では神経細胞（ニューロン）をモデル化したユニットについて調べました。ところで、脳がニューロン（神経細胞）のネットワークであるなら、それをまねして「ユニット」のネットワークを作れば、何らかの「知能」が生まれるのではないか、と期待するのは自然です。そして、周知のようにその期待は裏切られませんでした。ユニットのネットワークは人工知能の分野で大きな成果を収めることになったのです。

ニューラルネットワークの話に入る前に、前節（§3）で調べた「ユニット」について、その機能を復習しましょう。

- ユニットは複数の入力 x_1、x_2、…、x_n を**重み付き入力** z にまとめる。
  $z = w_1 x_1 + w_2 x_2 + \cdots + w_n x_n + b \ \cdots (1)$
  （w_1、w_2、…、w_n は重み、b はバイアスで、n は入力数）
- ユニットは、活性化関数 $a(z)$ を通して、この重み付き入力 z から次の y を出力する。
  $y = a(z) \ \cdots (2)$

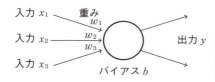

ユニットは上記のようにまとめられる演算機能と考えられる。ちなみに、出力は複数あっても、その値は同じ。

ニューラルネットワークはこのように定められたユニットをネットワーク状に結合したものです。

ネットワークの作り方は様々です。本書は、基本となる**階層型ニューラルネットワーク**と、その発展形の**畳み込みニューラルネットワーク**について調べます。

(注) 生物学の神経系を表すニューラルネットワークと区別するために人工ニューラルネットワークと呼ぶ文献もありますが、簡潔化するために「人工」は付けません。

ニューラルネットワークの層の役割

階層型ニューラルネットワークとは、次の図に示すように、**層**(layer)で区分けされたユニットによって信号が処理され、出力層から結果が得られるネットワークです。

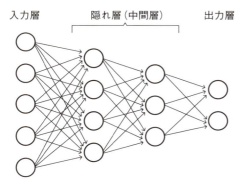

階層型ニューラルネットワークの例。階層型以外に、「相互結合型」など様々なネットワークが考え出されている。

このネットワークを形作る層は、**入力層**、**隠れ層**、**出力層**に分けられます。隠れ層は**中間層**とも呼ばれます。

各層は決められた特有の処理を実行します。

入力層はネットワークに与える情報を取り込みます。この層に所属するユニットには、入力の矢がありません。データから得られる値をそのまま出力する単純なユニットと考えてください。

隠れ層のユニットは先に復習した処理(1)(2)を行います。ニューラルネットワークの中で、実際に情報処理をする部分です。

出力層は、中間層同様、情報処理(1)(2)を行います。また、ネットワークが算出した結果を提示します。すなわち、ニューラルネットワーク全体の出力になります。

ディープラーニング

ディープラーニング（深層学習）とはその名のごとく層を深く幾重にもしたニューラルネットワークです。層を幾重にするにも様々な方法がありますが、その中で**畳み込みニューラルネットワーク**が有名です（→5章）。

具体例で調べる

これから4章までは、次の簡単な具体例を追いながらニューラルネットワークのしくみを調べていくことにします。

> **例題** 4×3画素からなる画像で読み取られた手書きの数字0、1を識別するニューラルネットワークを作成しましょう。ただし、学習データは64枚の画像とし、画素はモノクロ2階調とします。

解 この 例題 に対する解答例を示しましょう。

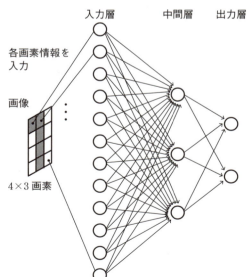

例題 の解となるニューラルネットワークの例。この例では、モノクロ2階調で手書き数字「1」が画像として読み込まれている。4章まで、これを順次解説していく。

この解答例は実際にニューラルネットワークとして機能する最も簡単なネットワークの例です。しかし、本質を理解するには十分です。考え方は複雑な場合にもそのまま適用できます。

(注) 例題に対する解答は様々で、この一つとは限りません。

　この単純なニューラルネットワークの特徴は、前にある層のユニットはすべて次の層のユニットに矢を向けているということです（このような層構造を**全結合層**（fully connected layer）と呼びます）。コンピュータで計算するのに大変容易な形をしています。

　では、各層の意味について簡単に見てみることにします。

解答例の入力層の意味

　入力層が12個のユニットから構成されているのはすぐに理解できます。4×3＝12ドットの画素情報をニューラルネットワークは読み取る必要があるからです。

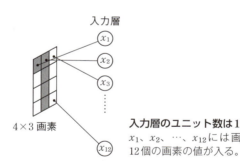

入力層のユニット数は12個
x_1、x_2、…、x_{12}には画像データの12個の画素の値が入る。

　入力層のユニットは入力と出力が同じです。敢えて活性化関数 $a(z)$ を導入するなら、それに恒等関数（$a(z) = z$）が充てられます。

解答例の出力層の意味

　出力層が2個のユニットから構成されているのは、題意の2種の手書き数字「0」「1」の識別と関係します。手書き数字「0」を読み取ったときに大きな値を出力

する(すなわち大きく反応する)ユニットと、数字「1」を読み取ったときに大きな値を出力するユニットが必要だからです。

例えば、シグモイド関数を活性化関数として利用するとしましょう。このとき、数字「0」の画像が読まれたときには、出力層の上のユニットの出力は下よりも大きな値を出力すると考えます。また、数字「1」の画像が読まれたときには、出力層の下のユニットの出力は上よりも大きな値を出力すると考えるのです。こうして、ニューラルネットワーク全体の判断をこの出力層のユニット出力の大小によって行います。

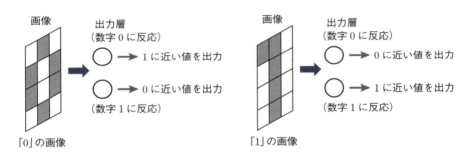

解答例の隠れ層の意味

隠れ層は入力画像の特徴を抽出する役割を担います。しかし、隠れ層がどうして入力画像の特徴を抽出できるのかについては、簡単な話ではありません。また、この解答例では隠れ層がなぜ1層であり2層でないのか、なぜ3個のユニットから構成されていて5個ではないのか、という疑問もわきます。これらの疑問を解決するには、次節の「ニューラルネットワークのしくみ」の理解が必要です。

> **メモ　ニューラルネット作成の経験則**
>
> この例題において、出力層のユニットを1つにまとめ、その出力が0に近いか1に近いかで入力数字の「0」と「1」を区別する解も考えられます。解答例として採用した2個のユニットの場合と比べて理論的にどちらの方が優れているかは数学的には判断できません。コンピュータで計算すると2文字の判別には2ユニットを使う方がニューラルネットワークの構造が簡単になり、識別しやすいという経験則を利用しています。

5 ニューラルネットワークの しくみを悪魔が解説

前節ではニューラルネットワークの概論を調べました。しかし、一番難しい隠れ層についての解説は保留にしてあります。それは隠れ層が**特徴抽出**という大切な役割を担う層であり、話が長くなるからです。本節では、そこに焦点を当てることにしましょう。

隠れ層が大切

ニューラルネットワークとは、前節§4で調べたように、「ユニット」をネットワーク状に配置したものをいいます。しかし、やみくもにユニットを結び付けても、役立つニューラルネットワークは作成できません。設計者の見込みが必要になります。その見込みが特に大切なのが隠れ層です。ニューラルネットワークの動作を支えるのはこの隠れ層なのです。前節(§4)で調べた次の 例題 を利用しながら、隠れ層について具体的に話を進めることにします。

> 例題 4×3画素からなる画像で読み取られた手書きの数字0、1を識別するニューラルネットワークを作成しましょう。ただし、画素はモノクロ2階調とします。

既に調べましたが(→序、本章§1)、パターン認識の困難性は答えの基準が明確でないことです。この 例題 でもその特性が現れます。たかだか4×3ドットの2階調画素からなる画像でも、そこに読み込まれる手書き数字0と1の画素パターンは様々です。例えば、次の例は手書き数字0を読んだと思える画像です。

1章 ニューラルネットワークの考え方

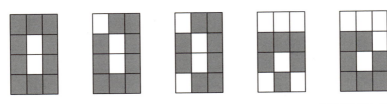

手書き数字0を意図した画像

数字「0」と人には何とか読めても、コンピュータに判断させるには難しいでしょう。

ユニットの関係の強さが答えを出すというアイデア

このように、明確な基準を持たず識別しにくい問題をどうやって解決すればよいでしょうか？ それを解決するのが「**ネットが判断する**」というアイデアです。初めて聞くと不思議に思える方法ですが、その論理は決して難しくはありません。この論理を悪魔組織の情報網にたとえて考えてみましょう。正確ではありませんが、本質を突いた比喩になります。

いま、次の図に示すような悪魔の組織があり、隠れ層には3人の隠れ悪魔A、B、Cが、出力層には2人の出力悪魔0、1が住んでいるとします。そして、入力層には12人の手下①～⑫が隠れ悪魔A、B、Cに仕えているとします。

(注) 3人の悪魔A、B、Cは生物学で知られている「特徴抽出細胞」の働きを抽象化したものです。

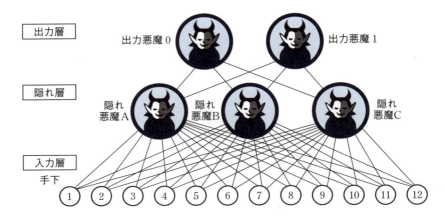

5 ニューラルネットワークのしくみを悪魔が解説

最下層(入力層)に住む12人の手下は、4×3画素からなる画像の各画素の上にいて、画素の信号がOFF(値が0)なら眠っていますが、ON(値が1)になると興奮し、その興奮情報を主人の隠れ悪魔A、B、Cに伝える働きをします。

(注) 白黒2階調でない画素情報の場合でも、この辺の処理は同じです。

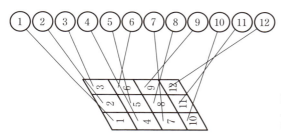

画素の上に住む12の手下。一人一人は分担の画素情報を読み、信号がONのとき興奮する。

隠れ層に住む隠れ悪魔3人は、下の層(入力層)に住む手下12人から興奮情報をもらいます。そして、もらった情報を総合し、その大きさに応じて自分も興奮し、その興奮度を上の層に住む出力悪魔に伝えます。

ところで、隠れ悪魔A、B、Cは変わった趣味があります。下図の各パターンA、B、Cの図柄を好みとして持つのです。この性質がニューラルネットワークの特性を左右することになります。(この「好み」を見極めるのが最初に言及した設計者の見込みとなります。)

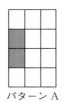 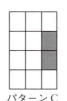

パターンA　　パターンB　　パターンC

隠れ悪魔A、B、Cは順にパターンA、B、Cを好みとする。

一番上層に住む出力悪魔2人も、その下の層に住む隠れ悪魔3人から興奮度をもらいます。隠れ悪魔と同様、もらった興奮度を総合し、その大きさに応じて自分も興奮します。そして、この出力悪魔の興奮度が悪魔集団全体の意思となります。出力悪魔0の興奮度が出力悪魔1の興奮度よりも大きければ、ニューラルネットワークは画像の数字を「0」と判断することになります。その逆ならば「1」と判断することになるのです。

さて、悪魔の世界にも相性があります。

隠れ悪魔A、B、Cは好みのパターンがあり、12人の手下と異なる相性を持ちます。隠れ悪魔Aの好みは先のパターンAであり、その結果④、⑦と良い相性です。パターンAは4番画素と7番画素がONだからです。その番人の④⑦と相性が良いのは当然です。

隠れ悪魔Aはパターンaが好みなので、手下④⑦と相性が良い。

同様に、手下⑤⑧は隠れ悪魔Bと、手下⑥⑨は、隠れ悪魔Cと相性が良く、興奮を伝えるパイプが太くできています（次図参照）。

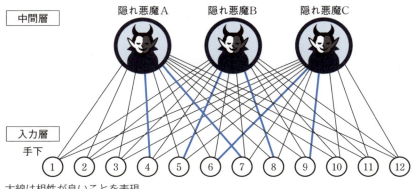

太線は相性が良いことを表現。

隠れ層に住む隠れ悪魔A、B、Cとその上の階に住む出力悪魔2人の関係にも相性があります。何らかのしがらみで、出力悪魔0は隠れ悪魔A、Cと相性が良く、出力悪魔1は隠れ悪魔Bと相性が良い関係になっています。

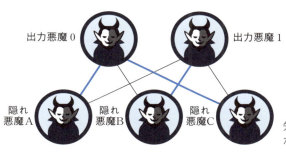

先の図と同様、太線は相性が良いことを表す。

　以上が、悪魔集団の関係の全てです。隠れ悪魔A、B、Cの変わった好み以外は、人間社会のどこにでもありそうな単純な組織です。

　では、ここに画像として手書き数字「0」が読まれたとしましょう。

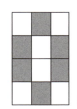

数字0のパターン

　すると、画素の番人である手下④と⑦、⑥と⑨はこれを見て、大きく興奮します（下図）。

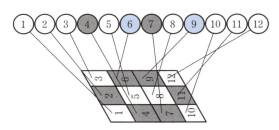

④⑦、⑥⑨が興奮！

ところで、興奮した手下④と⑦は相性の良い隠れ悪魔Aに、⑥と⑨は相性の良い隠れ悪魔Cに、興奮をより強く伝えます。それに対して、隠れ悪魔Bにはあまり興奮を伝えません。

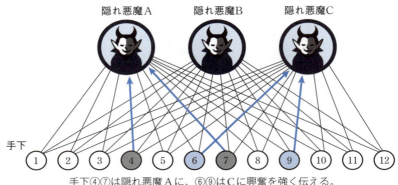

手下④⑦は隠れ悪魔Aに、⑥⑨はCに興奮を強く伝える。

手下からの興奮情報を受けた隠れ層の隠れ悪魔はどうなるでしょうか？ 強い興奮を受け取った隠れ悪魔AとCは当然興奮します。一方、隠れ悪魔Bはどうかというと、手下からあまり興奮を受け取らなかったので冷静のままです。

隠れ悪魔A、Cは興奮。Bは冷静。

1番上の層に住む出力悪魔はどうなるでしょうか？ 出力悪魔0は、興奮した隠れ悪魔A、Cと親密なので、その興奮をより強くもらい自らも興奮します。それに対して、出力悪魔1は隠れ悪魔A、Cとは疎遠であり、親密な隠れ悪魔Bは冷めたままなので、興奮をもらうことなく冷静のままです。

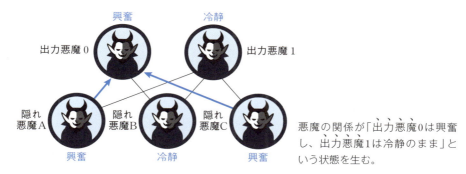

悪魔の関係が「出力悪魔0は興奮し、出力悪魔1は冷静のまま」という状態を生む。

　こうして、手書き数字0の画像が読み込まれると、悪魔の関係の連鎖によって、「出力悪魔0が興奮し、出力悪魔1は冷静」という結果が得られます。「出力悪魔0が出力悪魔1より興奮したならば、それは数字0が読まれたとき」と判断するなら、悪魔のネットワークが0という解答を導き出したことになります。

悪魔のネットワークが0という解答を導き出すことに成功！

悪魔の心のバイアス

　この悪魔の組織では、下の層の興奮度が上の層に住む全員に多少とも伝えられます。ところで、親密な関係以外に漏れる小さな興奮情報は「雑音」です。この雑音に悪魔が心を奪われては、正しい興奮の伝達ができません。そこで、それをカットする機能が必要です。悪魔の場合には、それは「心のバイアス」と呼ぶべきものでしょう。多少の雑音は無視するように、悪魔の心にバイアスをかけ、ノイズカットするのです。この「心のバイアス」は各悪魔固有の値（すなわち個性）になります。

関係から情報が得られた!

以上のようにして悪魔集団は手書き数字のパターン認識を実現しました。着目すべきことは、悪魔間の関係(すなわち相性)と各悪魔の個性(すなわち心のバイアス)のコラボレーションが答えを導いているということです。すなわち、「ネットが全体として判断している」のです。このアイデアは20世紀までの数学論理とは大きく異なるものです。まさに「21世紀のアイデア」と呼ぶべきでしょう。

問 数字1の画像が読まれたときに、この悪魔集団が「1」という解答を出すプロセスを図に示してみましょう。

解 この場合にも、上の層と下の層の悪魔間の相性の良し悪しを追うことで画像が「1」と判断できます。下図がその答えです。下図の太線を追うことで、出力悪魔1が興奮し、画像が「1」と判断されることになります。

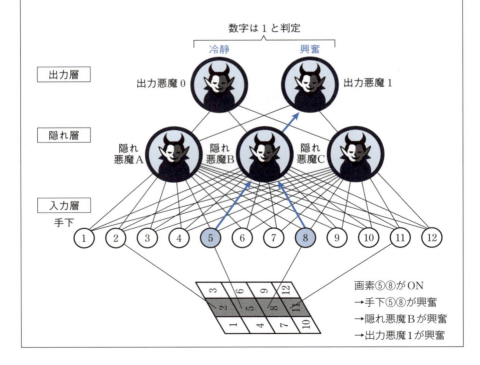

6 悪魔の働きをニューラルネットワークの言葉に翻訳

前節ではニューラルネットワークの仕組みを、そこに住む悪魔を用いて解説しました。この節では、その悪魔の働きをニューラルネットワークの言葉で追うことにします。

悪魔間の「相性」は「重み」を表す

前節（§5）では、悪魔の組織が手書き数字「0」「1」を区別する仕組みを調べました。この組織をニューラルネットワークに置き換えると、ユニットの連係プレーがパターン認識する仕組みがわかります。

まず、悪魔をユニットに見立てます。隠れ層に3人の「隠れ悪魔」A、B、Cが住んでいることを、隠れ層に3つのユニットA、B、Cがあると解釈します。出力層に「出力悪魔」0、1が住んでいることを、出力層に2つのユニット0、1があると解釈します。そして、最下層に12人の「悪魔の手下」が住んでいることを、入力層にユニットが12個あると解釈します（下図参照）。

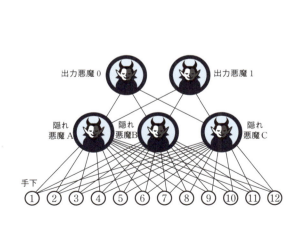
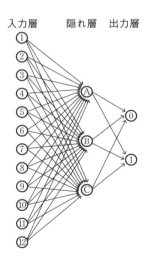

次に、悪魔の「相性」をユニットの「重み」に見立てます。隠れ悪魔Aが手下の④⑦と相性が良いという関係は、入力層の④⑦ユニットから隠れ層のユニットAへの矢の重みが大きいと考えます。同様に、隠れ悪魔Bが手下の⑤⑧と、隠れ悪魔Cが手下の⑥⑨と相性が良いという関係は、入力層のユニット⑤、⑧から隠れ層のユニットBへの矢、入力層のユニット⑥、⑨から隠れ層のユニットCへの矢、の重みが大きいと考えます。

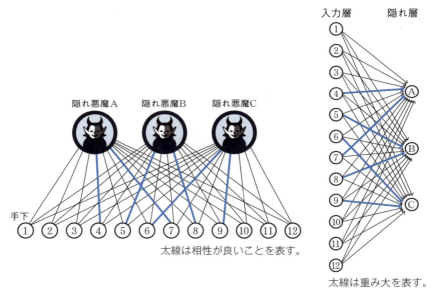

太線は相性が良いことを表す。

太線は重み大を表す。

(注) 重みについては§2、3を参照してください。

　隠れ悪魔A、Cと上の層の出力悪魔0の相性が良いという関係は、隠れ層のユニットA、Cから出力層のユニット0への矢の重みが大きいという関係を表します。同じく、隠れ悪魔Bと出力悪魔1の相性が良いという関係は、ユニットBからユニット1への重みが大きいという関係を表します。

6 悪魔の働きをニューラルネットワークの言葉に翻訳

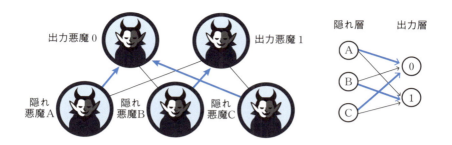

　こう解釈すると、ニューラルネットワークに読み込まれた手書き数字「0」はユニットAとCの出力を大きくし、続けて出力層のユニット0の出力を大きくします。こうして、ネット全体の関係が数字「0」を認識するのです。

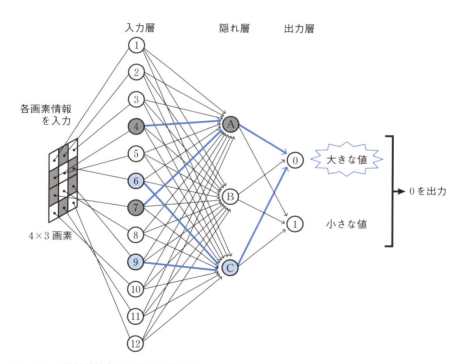

ユニットの関係が数字の認識を可能にする。

このネットワークのように、下の層と上の層が全結合している場合、画像「0」が入力されたときに、本来反応して欲しくない隠れ層のユニットBや出力層のユニット1にも、信号が伝わります。その信号をシャットアウトし、信号をシャープにする機能が必要です。それが「バイアス」です。悪魔集団では「心のバイアス」と表現したものです。

以上のように、重みとバイアスのコラボレーションが画像認識を可能にしてくれます。これが「ネットの中の関係が答えを出す」という発想です。21世紀の画期的なアイデアでしょう。

モデルの正当性

以上のように、前節で調べた悪魔の働きがニューラルネットワークの重みとバイアスに翻訳されました。しかし、安心は禁物です。たとえ悪魔の活躍をニューラルネットワークに移し替えられたとしても、それを実現できるユニットの重みとバイアスが求められる保証はありません。以上の話の正当性は、そのアイデアに基づいたニューラルネットワークが実際に作成でき、与えられたデータを十分説明できる、ということで実証されます。それには数学的な計算が必要です。これまで言葉で表現したことを数式に置き換えなければならないのです。次の2章で準備をしてから、3章以降で実際にその計算をすることにします。

悪魔の人数

出力層に住む出力悪魔の数は2人です。それは、画像の数字が「0」か「1」かを判定するために2人が好都合と考えられるからです。

隠れ層に住む隠れ悪魔の数は3人です。どうして3人なのでしょうか。理由は、本節の最初に述べたように、ある見込みを持っていたからです。それを示すのが次図です。

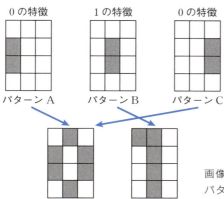

画像の手書き数字が0か1かは、そこにパターンA、B、Cが含まれているかどうかで判定可能という見込みがある。

　この図から、数字0にはこの図のパターンAとCが、数字1にはパターンBが含まれていることが見込まれます。そこで、上の図のパターンA、B、Cに反応するユニットを用意すれば、画像の中の数字が0か1かを判断できるわけです。その3つのユニットこそが「隠れ悪魔」A、B、Cの正体だったわけです。

　前の節（§5）で、「隠れ悪魔」A、B、Cが順にパターンA、B、Cを好みに持つと特徴づけたのはこのためです。

　以上が中間層に3つのユニットを配置した理由です。この見込みの正しさは、実際にこのニューラルネットワークに画像データを読ませて納得いく結論が得られることで確かめられます。

　その確認の具体的な計算法については、先にも述べたように、3章で調べることにします。

ニューラルネットワークと生物とのアナロジー

いま調べているニューラルネットワークを生物の観点から見てみることにしましょう。

生き物がモノを見る場合を想像してみてください。入力層のユニットに相当するのが視細胞、隠れ層のユニットに相当するのが視神経細胞、そして出力層ユニットに相当するのが判断をつかさどる脳の神経細胞群と考えられます。

ところで、実際に隠れ層のユニットに相当する視神経細胞があるのでしょうか？ 例えば、1番目のユニットは先の図に示したパターンAに反応すると考えましたが、そのような視神経細胞があるのでしょうか。

実際にこのような細胞があることは、1958年アメリカ生理学者のヒューベル、ウィーゼルによって発見されています。それは特徴抽出（feature extraction）細胞と名付けられました。あるパターンに強く反応する視神経細胞があり、それが動物のパターン認識に役立っているのです。本節で調べた「悪魔」が実際に脳の中にいると考えるのは大変面白いことです。

> **メモ　AI開発にもブームがある！**
>
> 空想ではなく現実としての人工知能（AI）は1950年代から研究が始まったといわれます。それはコンピュータの開発の歴史と重なりますが、以下の3つのブームに分けられます。
>
> | 世代 | 年代 | キー | 主な応用分野 |
> |---|---|---|---|
> | 1世代 | 1950～1960代 | 論理が主体 | パズルなど |
> | 2世代 | 1980年代 | 知識が主役 | ロボット、自動翻訳 |
> | 3世代 | 2010年～ | データが主役 | パターン認識、音声認識 |

7 ネット自らが学習するニューラルネットワーク

　前節（§5、6）では、「悪魔」キャラクターを利用して、入力画像を識別する仕組みを調べました。論理が判断するのではなく、集団の関係が判断する、という画期的なアイデアが利用されました。ところで、その解説では、予め重みの大小を仮定しました。層の間の「悪魔」の相性を仮定したのです。では、その重みの大小（悪魔の相性）はどうやって決めるのでしょうか。ニューラルネットワークの画期的なことは、その決定を**ネット自らが学習する**アルゴリズムを用いて行うことです。

数学的に見たニューラルネットワークの学習

　ニューラルネットワークのパラメータ決定法には「教師あり学習」と「教師なし学習」があります。本書は前者の「教師あり学習」に話を絞って考えます。教師あり学習では、ニューラルネットワークの重みとバイアスを決めるため、事前にデータが与えられます。そのデータを**学習データ**と呼びます。そして、与えられた学習データから重みとバイアスを決定することを**学習**と呼びます。

（注） 学習データは**訓練データ**、**教師用データ**などとも呼ばれます。

　では、ニューラルネットワークはどのように「学習」するのでしょうか？　その考え方は至って簡単です。ニューラルネットワークが算出した予測値と正解との誤差を算出し、その誤差の総和が最小になるように重みとバイアスを決定するのです。数学では、これをモデルの**最適化**と呼びます。

　計算値と正解との誤差の総和とは何かについては様々な定義があります。本書は最も古典的な「計算値と正解との誤差を2乗し（これを2乗誤差といいます）、学習データ全体について加え合わせたもの」という定義を採用します。そしてその誤差の総和を**コスト関数**と呼び、記号 C_T で表すことにします（TはTotal（総和）の頭文字）。

2乗誤差を利用してパラメータを決定法する方法を数学では**最小2乗法**と呼びます。統計学の世界では**回帰分析**の常套手段です。

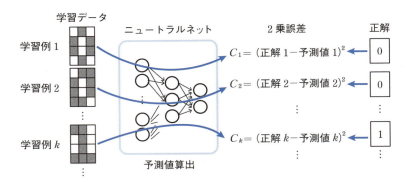

誤差の総和（コスト関数 C_T）$= C_1 + C_2 + \cdots + C_k + \cdots$

最適化とは誤差の総和を最小にするパラメータ決定法。

最小2乗法が実際にどのようなものかについては、回帰分析を例にして、次の章（2章§12）で調べることにします。

ちなみに、本書は手書き数字のパターン認識を実例として考えます。そこで、学習データは画像データ、その学習例は画像例と考えてください。

さて、ニューラルネットワークでは重みとして負の数も許されるということには注意が必要でしょう。生物学のアナロジーで考えるとき、負の数は現れません。神経伝達物質の量に負の数を充てることは困難です。ニューラルネットワークは生物からヒントを得ましたが、生物の世界とは異なる世界に飛躍しているのです。

> **Memo メモ　シンギュラリティ**
>
> シンギュラリティ（Singularity）は特異点を意味しますが、現代では人工知能が人間の知能を超える点という意味で使われています。予想では2045年頃と言われていますが、もっと早く訪れると予想する人も少なくありません。

2章
ニューラルネットワークのための数学の基本

本章ではニューラルネットワークの理解に必要な数学の基本知識をおさらいします。数学の内容の多くは高等学校の範囲です。したがって、親しみやすい話と思われます。

1 ニューラルネットワークに必須の関数

ニューラルネットワークの世界に頻出する関数について確認します。基本的な関数ですが、ニューラルネットワークには不可欠です。

1次関数

数学の関数の中で最も基本で重要なのが**1次関数**です。それはニューラルネットワークの世界でも同様です。この関数は次のような式で表せます。

$y = ax + b$ (a、bは定数で、$a \neq 0$) …(1)

aを**傾き**、bを**切片**といいます。

2変数x、yがこの式(1)の関係を満たしているとき、変数yは変数xと「**1次の関係にある**」といいます。

1次関数をグラフにすると、下図のように直線を表します。

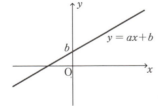

1次関数$y = ax + b$のグラフ。直線を表す。

例1 1次関数$y = 2x + 1$のグラフを描いてみましょう。それは右のグラフになります。切片は1で、傾きは2となります。

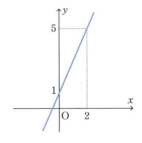

以上は独立変数が1つの場合についてです。この「1次の関係」はそのまま独立変数が複数の場合にも適用されます。例えば、2変数x_1、x_2があり、次の(2)の関係があるとき、yはx_1、x_2と「**1次の関係にある**」といいます。

$$y = ax_1 + bx_2 + c \quad (a、b、c は定数で、a \neq 0、b \neq 0)$$

後述するように、ニューラルネットワークにおいて、ユニットへの「重み付き入力」は1次の関係で表現されます。例えば、下の層から3つの入力があるユニットについて、その「重み付きの入力」zの式は次のように表現されます（→1章§3）。

$$z = w_1 x_1 + w_2 x_2 + w_3 x_3 + b$$

重みw_1、w_2、w_3とバイアスbをパラメータとして定数と考えれば、重み付き入力zは入力x_1、x_2、x_3と1次の関係にあります。また、ユニットへの入力x_1、x_2、x_3がデータの値として確定している場合には、重み付き入力zは重みw_1、w_2、w_3、バイアスbと1次の関係にあります。**誤差逆伝播法**で式を導出する際、これら1次の関係が式計算を簡単にしてくれます。

> **問1** 1次関数 $y = -2x - 1$ のグラフを描きましょう。
>
> **解** 右図のグラフになります。切片は-1、傾きは-2となります。

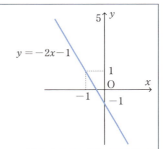

メモ　独立変数

2変数x、yがあり、xが与えられればyが決まるという関係があるとき、yはxの**関数**といい、記号で$y = f(x)$などと表現します。このとき、xを**独立変数**、yを**従属変数**と呼びます。

2次関数

関数の中で1次関数と同じくらい大切なのが**2次関数**です。本書ではコスト関数で利用します。2次関数は次の式で表せます。

$$y = ax^2 + bx + c \quad (a、b、c は定数で、a \neq 0) \quad \cdots (2)$$

2次関数(2)のグラフは物を放ったときにその物が描く軌跡、すなわち放物線となります（右図）。このグラフで大切なのは、a が正の数のときグラフは下に凸になり最小値が存在するということです。この性質は後に調べる**最小2乗法**の基本となります。

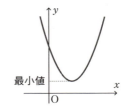

例2 2次関数 $y = (x-1)^2 + 2$ のグラフを描いてみましょう。その答えは右のグラフになります。グラフからわかるように、$x = 1$ のとき最小値が2になっています。

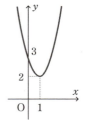

以上は独立変数が1つの場合ついて考えました。これを拡張しても、ここで調べた性質は変わりません。例えば独立変数が x_1、x_2 の2つある場合、次の関数は x_1、x_2 についての2次関数といいます。

例3 $y = ax_1^2 + bx_1 x_2 + cx_2^2 + px_1 + qx_2 + r \quad \cdots (3)$

ここで、a、b、c、p、q、r は定数であり、$a \neq 0$、$c \neq 0$ とします。

独立変数が2つ以上になると、紙面にグラフを描くのは困難になります。例えば、式(3)のグラフを描こうとすると、右図のようにイメージ的にしか表現できません。

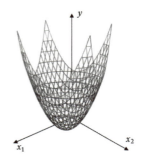

実際のニューラルネットワークでは、もっと変数の多い2次関数を扱うことになりますが、ここで調べたグラフのイメージを持っていれば理解するのに困難はないでしょう。

(注) 式(3)が表すグラフが単にこの図のような放物面になるとは限りません。

問2 2次関数 $y = 2x^2$ のグラフを描きましょう。

解 右図のグラフになります。

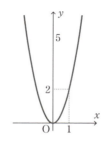

単位ステップ関数

ニューラルネットワークの原型モデルでは、次のグラフで表せる**単位ステップ関数** $u(x)$ が活性化関数(→1章§2)として利用されました。

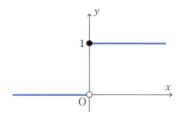

単位ステップ関数のグラフ。
応用数学の世界では、線形応答理論の
中で活躍する関数。

単位ステップ関数を式で表現してみましょう。

$$u(x) = \begin{cases} 0 & (x < 0) \\ 1 & (x \geq 0) \end{cases} \cdots (4)$$

この式からわかるように、単位ステップ関数は原点で不連続です。原点では

「微分できない」のです。この微分不可能という性質のために、単位ステップ関数は活性化関数の主役の座から追われることになります。

> **問3** 単位ステップ関数 $u(x)$ において、次の値を求めましょう。
> ① $u(-1)$　② $u(1)$　③ $u(0)$
>
> **解** 順に 0、1、1

指数関数とシグモイド関数

次の形をした関数を**指数関数**といいます。

$y = a^x$ 　（a は正の定数で $a \neq 1$）

定数 a は指数関数の**底**(てい)と呼ばれます。その底の値として特別に大切なのが**ネイピア数** e です。e は次のように近似される値を持ちます。

$e = 2.71828\cdots$（「鮒一鉢二鉢(ふなひとはちふたはち)」と覚えるのが有名）

この指数関数を分母にもった関数が次の**シグモイド関数** $\sigma(x)$ です。ニューラルネットワークでは活性化関数の代表です（→1章§3）。

$$\sigma(x) = \frac{1}{1+e^{-x}} = \frac{1}{1+\exp(-x)} \quad \cdots (5)$$

(注) exp は exponential function（指数関数）の略で、$\exp(x)$ は指数関数 e^x を表します。

次に、この関数のグラフを見てみましょう。

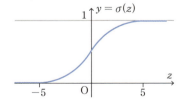

シグモイド関数のグラフ。

グラフからわかるように、この関数は滑らかで、どこでも微分が可能です。また、関数値は0と1の間に収まります。関数の値に確率的な解釈を施すことができるのです。

> **問4** シグモイド関数 $\sigma(x)$ において、次の関数値の概数を求めましょう。
> ① $\sigma(-1)$　② $\sigma(0)$　③ $\sigma(1)$
>
> **解** $e = 2.7$ と近似できるので、順に0.27、0.5、0.73

正規分布の確率密度関数

ニューラルネットワークを実際にコンピュータで決定する際、重みやバイアスに初期値を設定しなければなりません。その初期値を求める際に役立つのが**正規分布**です。この分布に従う乱数を初期値として用いると、良い結果が得られやすいことが知られています。

正規分布とは次の確率密度関数 $f(x)$ に従う確率分布をいいます。

$$f(x) = \frac{1}{\sqrt{2\pi}\,\sigma} e^{-\frac{(x-\mu)^2}{2\sigma^2}} \quad \cdots (6)$$

μ は**期待値**（**平均値**）、σ は**標準偏差**と呼ばれる定数です。このグラフは下図のようになります。この形からベルカーブと呼ばれます。教会のベルの形に似ているからです。

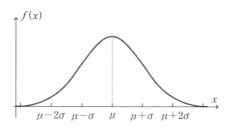

期待値 μ、標準偏差 σ の正規分布。なお、この σ とシグモイド関数の名前 σ とが同じなのには意味はない。

問5 期待値μが0、標準偏差σが1の正規分布の確率密度関数のグラフを描いてみましょう。

解 下図のようになります。この正規分布を**標準正規分布**といいます。

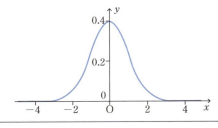

$\mu=0$、$\sigma=1$の正規分布の確率密度関数のグラフ。

正規分布になるように発生された乱数を**正規乱数**といいます。ニューラルネットワークの計算で、正規乱数は初期値を与えるときによく利用されます。

> **メモ** Excelで正規乱数
>
> Excelで正規乱数は次のように発生できます。
> NORM.INV(RAND(), μ, σ) （μ, σ期待値と標準偏差）

2 ニューラルネットワークの理解に役立つ数列と漸化式

誤差逆伝播法（→4、5章）は、数列と漸化式に親しみがあれば、大変理解しやすい内容です。そこで、簡単な例を通しておさらいしましょう。

漸化式に親しむことは、コンピュータで実際に計算する際に大いに役立ちます。コンピュータは微分が苦手ですが、漸化式は得意だからです。

数列の意味

数列とは「数の列」です。次の例は偶数列と呼ばれる数列です。

例1 2, 4, 6, 8, 10, …

数列において、並べられた1つ1つの数を**項**といいます。1番目の項を**初項**、2番目の項を**第2項**、3番目の項を**第3項**、そして、n番目の項を**第n項**といいます。上の **例1** では、初項は2、第2項は4です。

ニューラルネットワークの世界に現れる数列は有限個の項数を持つ数列です。このような数列を**有限数列**といいます。その有限数列において、数列の最後の項を**末項**といいます。

例2 有限数列の例として、次の数列を考えましょう。

1, 3, 5, 7, 9

この数列の初項は1、末項は9、項数は5です。

数列の一般項

数列のn番目にある数を、通常a_nなどと表現します。aはその数列に付けられた名前です。（数列名aは適当に付けますが、ローマ字またはギリシャ文字の1文字を利用するのが普通です。）数列全体を表したいときは、集合の記号を利用して$\{a_n\}$などと表現します。

さて、与えられた数列のn番目の数をnの式で表したものを、その数列の**一般項**といいます。例えば、**例1**の数列は、項番号nを用いて次のように書き表せます。これが**例1**の数列の一般項です。

$a_n = 2n$

> **問1** 次の数列$\{b_n\}$の一般項を求めましょう。
> 　1，3，5，7，9，11，…
>
> **解** 一般項 $b_n = 2n - 1$

ニューラルネットワークにおいて、ユニットの重み付き入力やその出力は数列と考えられます（→1章§3）。「何層目の何番目の数はいくつ」というように、順番で値が決められるからです。そこで、数列と似た記号で値を表現します。

例3 a_j^l … l層j番目のユニットの出力値

数列と漸化式

一般項は数列の項を式で表現したものです。数列にはこれ以外にも大切な表現法があります。隣り合う項の関係で表現する方法です。これを数列の**帰納的定義**といいます。

一般に、初項a_1と、隣り合う2つの項a_n、a_{n+1}の関係式が与えられれば、その数列$\{a_n\}$が確定します。この関係式を**漸化式**といいます。

例4 初項$a_1 = 1$と関係式$a_{n+1} = a_n + 2$が与えられたとします。このとき、次のように数列が確定します。この関係式が漸化式です。

$a_1 = 1$、$a_2 = a_{1+1} = a_1 + 2 = 1 + 2 = 3$、$a_3 = a_{2+1} = a_2 + 2 = 3 + 2 = 5$、
$a_4 = a_{3+1} = a_3 + 2 = 5 + 2 = 7$、…

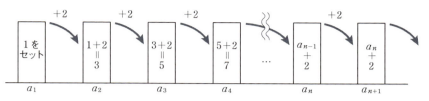

漸化式のイメージは将棋倒し。初項と、前後の関係（すなわち漸化式）が与えられると数列が決まる。ちなみに、この数列は 問1 を表す。

例5 初項 $c_1 = 3$ と漸化式 $c_{n+1} = 2c_n$ のとき、この数列 $\{c_n\}$ の第4項までを求めましょう。

$c_1 = 3$、$c_2 = c_{1+1} = 2c_1 = 2 \cdot 3 = 6$、$c_3 = c_{2+1} = 2c_2 = 2 \cdot 6 = 12$、
$c_4 = c_{3+1} = 2 \cdot 12 = 24$、…

こうして、この数列が確定します。

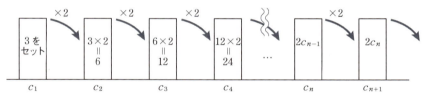

初項と漸化式 $c_{n+1} = 2c_n$ で数列が決まる。

> **問2** 次の数列 $\{a_n\}$ を帰納的に定義してみましょう。
> 2, 4, 6, 8, 10, …（これは 例1 の数列）
>
> **解** $a_1 = 2$、$a_{n+1} = a_n + 2$

連立漸化式

次の例を見てみましょう。

例6 次の2つの漸化式で与えられた数列の第3項までの値を求めてみましょう。$a_1 = b_1 = 1$ とします。

$$\begin{cases} a_{n+1} = a_n + 2b_n + 2 \\ b_{n+1} = 2a_n + 3b_n + 1 \end{cases}$$

このとき、次のように数列の値 a_n、b_n が順次計算できます。

$$\begin{cases} a_2 = a_1 + 2b_1 + 2 = 1 + 2 \cdot 1 + 2 = 5 \\ b_2 = 2a_1 + 3b_1 + 1 = 2 \cdot 1 + 3 \cdot 1 + 1 = 6 \end{cases}$$
$$\begin{cases} a_3 = a_2 + 2b_2 + 2 = 5 + 2 \cdot 6 + 2 = 19 \\ b_3 = 2a_2 + 3b_2 + 1 = 2 \cdot 5 + 3 \cdot 6 + 1 = 29 \end{cases}$$

このように、複数の数列がいくつかの関係式で結び付けられているものを**連立漸化式**といいます。ニューラルネットワークの世界では、数学的にはすべてのユニットの入力と出力は連立漸化式で結ばれていると考えられます。例えば1章§4の 例題 で調べたニューラルネットワークで、下図の部分を考えてみましょう。

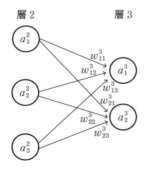

1章で調べたニューラルネットワーク例の一部。なお、変数名については、後述の3章§1で調べる。

矢の先に付けられたのは重みで、ユニットの円の中はユニットの出力変数です。すると、$a(z)$ を活性化関数とし、b_1^3、b_2^3 を層3の各ユニットのバイアスとす

ると、1章§3から次の関係が成立します。

$$a_1^3 = a(w_{11}^3 a_1^2 + w_{12}^3 a_2^2 + w_{13}^3 a_3^2 + b_1^3)$$
$$a_2^3 = a(w_{21}^3 a_1^2 + w_{22}^3 a_2^2 + w_{23}^3 a_3^2 + b_2^3)$$

これらの関係式から、3層目の出力 a_1^3、a_2^3 は2層目の出力 a_1^2、a_2^2、a_3^2 が与えられると決定されます。すなわち、2層目の出力と3層目の出力は連立漸化式で結ばれているのです。このような漸化式の見方をニューラルネットワークに応用したのが4章と5章で調べる誤差逆伝播法です。

問3 次の連立漸化式で定義される数列 a_n、b_n について、第3項 a_3、b_3 を求めましょう。ただし、$a_1 = 2$、$b_1 = 1$ とします。

$$\begin{cases} a_{n+1} = 3a_n + b_n \\ b_{n+1} = a_n + 3b_n \end{cases}$$

解 次のように順に計算して求められます。

$$\begin{cases} a_2 = 3a_1 + b_1 = 3 \cdot 2 + 1 = 7 \\ b_2 = a_1 + 3b_1 = 2 + 3 \cdot 1 + 1 = 5 \end{cases}$$
$$\begin{cases} a_3 = 3a_2 + b_2 = 3 \cdot 7 + 5 = 26 \\ b_3 = a_2 + 3b_2 = 7 + 3 \cdot 5 = 22 \end{cases}$$

Memo　メモ　コンピュータは漸化式が得意

コンピュータは関係が与えられている計算が得意です。

例えば、階乗計算について見てみましょう。自然数 n の**階乗**とは、1から n までの数を順に掛け合わせた数で、$n!$ で表わされます。

$$n! = 1 \cdot 2 \cdot 3 \cdot \cdots \cdot n$$

多くの場合、人はこの式から $n!$ を計算しますが、コンピュータでは次のような漸化式に置き換えて計算するのが普通です。

$$a_1 = 1,\ a_{n+1} = (n+1)a_n$$

後述する誤差逆伝播法は、このコンピュータの得意な計算法で、ニューラルネットワークの計算をする技法です。

3 ニューラルネットワークで多用されるΣ記号

慣れるのに手間取るので有名なのがΣ記号です。しかし、ニューラルネットワークの文献を読む際には、その理解は不可欠です。重み付きの入力をΣ記号で表現すると簡潔になるからです。ここで、文献を読む際に必要となるこのΣ記号を復習しましょう。

(注) 本書ではΣ記号は利用せずに解説を進めます。Σ記号は数式の本質を見にくくするからです。その分、本書の表記は冗長になりますが、御容赦ください。

Σ記号の意味

数列の和を簡潔に表現するのがΣ記号です。和を表現するということ以外、新しい内容は何もないのですが、その簡潔過ぎる表現がニューラルネットワークの初学者を苦しめます。

(注) Σは「シグマ」と読むギリシャ文字で、ローマ字Sに対応します。和(sum)の頭文字を表現しています。

数列 $\{a_n\}$ に対して、Σ記号の定義式は次のように表現されます。

$$（\mathrm{I}）\sum_{k=1}^{n} a_k = a_1 + a_2 + a_3 + \cdots + a_{n-1} + a_n$$

言葉でいえば、「初項からn項までの数列 $\{a_n\}$ の和」のことです。

上記Σ記号で表される和の中の文字kは本質的な意味を持ちません。実際、上記公式の右辺にその文字kは現れません。単にその文字について和を取ることを表明しているだけです。したがって、文字はkである必要はありません。数学では、その文字として、i、j、k、l、m、nがよく利用されます。

例1 $\displaystyle\sum_{n=1}^{5} a_n = a_1 + a_2 + a_3 + a_4 + a_5$

例2 $\displaystyle\sum_{k=1}^{7} k^2 = 1^2 + 2^2 + 3^2 + 4^2 + 5^2 + 6^2 + 7^2$

例3 $\displaystyle\sum_{i=1}^{m} 2^i = 2^1 + 2^2 + 2^3 + \cdots + 2^m$

● Σ記号の性質

Σ記号は「線形性」と呼ばれる次の性質を持ちます。微分や積分などと共通する性質で、式変形で利用されます。

$$(\text{II}) \quad \sum_{k=1}^{n}(a_k + b_k) = \sum_{k=1}^{n} a_k + \sum_{k=1}^{n} b_k, \quad \sum_{k=1}^{n} c a_k = c \sum_{k=1}^{n} a_k \quad (c は定数)$$

(注)「和のΣはΣの和」、「定数倍のΣはΣの定数倍」と言葉で表現されます。「和の微分は微分の和」、「定数倍の微分は微分の定数倍」という微分公式と一致しています（→ §6）。

証明 Σ記号の定義から、

$$\sum_{k=1}^{n}(a_k + b_k) = (a_1 + b_1) + (a_2 + b_2) + \cdots + (a_n + b_n)$$

$$= (a_1 + a_2 + \cdots + a_n) + (b_1 + b_2 + \cdots + b_n) = \sum_{k=1}^{n} a_k + \sum_{k=1}^{n} b_k$$

$$\sum_{k=1}^{n} c a_k = c a_1 + c a_2 + \cdots + c a_n = c(a_1 + a_2 + \cdots + a_n) = c \sum_{k=1}^{n} a_k \quad \text{終}$$

公式（Ⅱ）を例で確認しましょう。

例4 $\displaystyle\sum_{k=1}^{n}(2k+1) = (2 \cdot 1 + 1) + (2 \cdot 2 + 1) + \cdots + (2n + 1)$

$$= 2(1 + 2 + 3 + \cdots + n) + (1 + 1 + 1 + \cdots + 1) = 2\sum_{k=1}^{n} k + \sum_{k=1}^{n} 1$$

問 次式を証明しましょう：$\displaystyle\sum_{k=1}^{n}(k^2 - 3k + 2) = \sum_{k=1}^{n} k^2 - 3\sum_{k=1}^{n} k + \sum_{k=1}^{n} 2$

解 $\displaystyle\sum_{k=1}^{n}(k^2 - 3k + 2) = (1^2 - 3 \cdot 1 + 2) + (2^2 - 3 \cdot 2 + 2) + \cdots + (n^2 - 3n + 2)$

$$= (1^2 + 2^2 + 3^2 + \cdots + n^2) - 3(1 + 2 + 3 + \cdots + n) + (2 + 2 + 2 + \cdots + 2)$$

$$= \sum_{k=1}^{n} k^2 - 3\sum_{k=1}^{n} k + \sum_{k=1}^{n} 2$$

4 ニューラルネットワークの理解に役立つベクトル

ベクトルとは大きさと向きを持つ量と定義されます。ここではニューラルネットワークで利用する内容に絞って、その性質を確認しましょう。

有向線分とベクトル

2点A、Bがあるとき、AからBに向かう線分を考えます。この向きを持つ線分ABを**有向線分**といいます。Aを**始点**、Bを**終点**と呼びます。

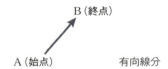

有向線分ABは、その属性として点Aの**位置**、Bへの**向き**、そしてABの長さ、すなわち**大きさ**を持ちます。この3つの属性の中、向きと大きさだけを抽象した量を考え、それを**ベクトル**と呼びます。通常矢印で表します。まとめると、次のように表現できます。

ベクトルは向きと大きさを持つ量で、矢印で表現される。

有向線分ABの表すベクトルを $\overrightarrow{AB}$ と表します。また、矢を冠したローマ字1文字で $\vec{a}$ や太文字 $\boldsymbol{a}$ などと表します。本書は最後の太文字を主に利用します。

ベクトルを表記する記号はいろいろ

ベクトルの成分表示

ベクトルの矢を座標平面上に置くことで、座標のように表現できます。矢の始点を原点に置き、矢の終点の座標でそのベクトルを表すのです。これをベクトルの**成分表示**といいます。成分表示されたベクトル a は次のように表現されます（平面の場合）。

$$a = (a_1, a_2) \cdots (1)$$

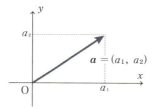

ベクトルの成分表示。「始点を原点にしたときの終点の座標が成分表示」と理解して、応用上問題は起こらない。

例1 $a = (3, 2)$ の表すベクトル

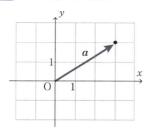

例2 $b = (-2, -1)$ の表すベクトル

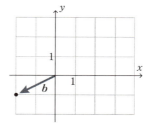

例3 立体空間の場合も同様です。例えば、

$$a = (1, 2, 2)$$

は右図のベクトルを表します。

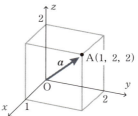

ベクトルの大きさ

直感的にいうと、ベクトルを表す矢の長さを、そのベクトルの**大きさ**といいます。ベクトル a の大きさを $|a|$ と表現します。

(注) 記号 $|\ |$ は数の絶対値記号を一般化したものです。実際、数は1次元のベクトルと考えられます。

例4 $a = (3, 4)$ の大きさ $|a|$ は、右の図から、次のように得られます。

$$|a| = \sqrt{3^2 + 4^2} = 5$$

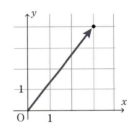

例5 立体空間の場合も同様です。例えば、

$$a = (1, 2, 2)$$

において、大きさ $|a|$ は次のように得られます。

$$|a| = \sqrt{1^2 + 2^2 + 2^2} = 3$$

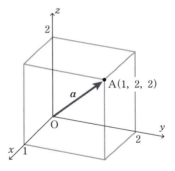

(注) 例4 例5 ともに、三平方の定理を利用しています。

問1 右に示したベクトル a、b の大きさを求めましょう。

解 $|a| = \sqrt{2^2 + 1^2} = \sqrt{5}$、

$|b| = \sqrt{3^2 + (-1)^2} = \sqrt{10}$

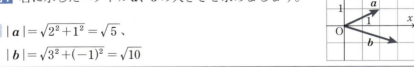

ベクトルの内積

向きの概念を持つベクトル同士の積を考えるとき、「向きと向きの積」という不明な概念を内包します。そこで、新たな定義が必要になります。**内積**はその定義の一つです。すなわち、2つのベクトル a、b の内積 $a \cdot b$ は次のように定義されます。

$$a \cdot b = |a||b|\cos\theta \quad \cdots (2)$$
(θ は a、b のなす角)

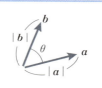

(注) a、b の大きさの一方または両方が 0 のとき、内積は 0 と定義されます。

例6 辺の長さが 1 の正方形 ABCD を考えます。$\overrightarrow{AB} = a$、$\overrightarrow{AD} = b$、$\overrightarrow{AC} = c$ とすると、

$|a| = |b| = 1$、$|c| = \sqrt{2}$

また、a と a のなす角は $0°$、a と b のなす角は $90°$、a と c のなす角は $45°$ です。そこで、

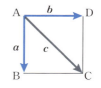

$a \cdot a = |a||a|\cos 0° = |a|^2 = 1^2 = 1$、$a \cdot b = |a||b|\cos 90° = 1 \cdot 1 \cdot 0 = 0$

$a \cdot c = |a||c|\cos 45° = 1 \cdot \sqrt{2} \cdot \dfrac{1}{\sqrt{2}} = 1$

問2 上記 **例6** において、$b \cdot c$ を求めましょう。

解 $b \cdot c = |b||c|\cos 45° = 1 \cdot \sqrt{2} \cdot \dfrac{1}{\sqrt{2}} = 1$

立体空間の場合でも同様に考えられます。

例7 1辺の長さが3の立方体ABCD－EFGHにおいて、

$\vec{AD} \cdot \vec{AD} = |\vec{AD}||\vec{AD}|\cos 0° = 3 \cdot 3 \cdot 1 = 9$

$\vec{AD} \cdot \vec{AF} = |\vec{AD}||\vec{AF}|\cos 90° = 3 \cdot 3\sqrt{2} \cdot 0 = 0$

$\vec{AF} \cdot \vec{AH} = |\vec{AF}||\vec{AH}|\cos 60° = 3\sqrt{2} \cdot 3\sqrt{2} \cdot \dfrac{1}{2} = 9$

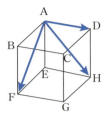

問3 1辺の長さ2の正四面体OABCがあるとき、内積 $\vec{OA} \cdot \vec{OB}$ を求めましょう。

解 OAとOBのなす角は60°なので、

$\vec{OA} \cdot \vec{OB} = |\vec{OA}||\vec{OB}|\cos 60° = 2 \cdot 2 \cdot \dfrac{1}{2} = 2$

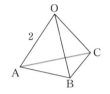

コーシー・シュワルツの不等式

内積の定義 (2) から応用上大切な次の公式が導出できます。

(コーシー・シュワルツの不等式) $-|\boldsymbol{a}||\boldsymbol{b}| \leqq \boldsymbol{a} \cdot \boldsymbol{b} \leqq |\boldsymbol{a}||\boldsymbol{b}|$ … (3)

証明 $\cos$ の性質から任意の θ に対して $-1 \leqq \cos\theta \leqq 1$ なので、両辺に $|\boldsymbol{a}||\boldsymbol{b}|$ を掛けて、

$-|\boldsymbol{a}||\boldsymbol{b}| \leqq |\boldsymbol{a}||\boldsymbol{b}|\cos\theta \leqq |\boldsymbol{a}||\boldsymbol{b}|$

定義 (2) を利用すれば、この公式 (3) が得られます。 終

公式 (3) を図で考えてみましょう。2つのベクトル $\boldsymbol{a}$、$\boldsymbol{b}$ の大きさを一定とすると、関係は下図の (ア)(イ)(ウ) の3通りになります。

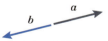

(ア) $\theta = 180°$
$(\cos\theta = -1)$

(イ) $0° < \theta < 180°$
$(-1 < \cos\theta < 1)$

(ウ) $\theta = 0°$
$(\cos\theta = 1)$

コーシー・シュワルツの不等式（公式(3)）は次のことを主張しています。

(ア) 2つのベクトルが反対向きのときに内積は最小値
(イ) 2つのベクトルが平行でないとき、内積は平行の場合の中間の値
(ウ) 2つのベクトルが同じ向きのときに内積は最大値

この性質(ア)が、後述する**勾配降下法**（→本章§10、4、5章）の基本原理になります。

ところで、内積とは「2つのベクトルがどれくらい同じ方向を向いているか」を示すものと捉えられます。方向が似ているベクトルを「似ている」と判断するなら、2つのベクトルが似ていると内積は大きくなるのです。後に**畳み込みニューラルネットワーク**を調べるとき、この見方が重要になります（→詳細は付録C）。

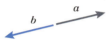
非常に似ていない

やや似ていない

やや似ている

非常に似ている

内積で2つのベクトルの相対的な類似度がわかる。

内積の成分表示

定義式(2)を成分で表してみましょう。平面で考えるときは次の公式が成立します。

$\boldsymbol{a} = (a_1, a_2)$、$\boldsymbol{b} = (b_1, b_2)$とするとき、
$\boldsymbol{a} \cdot \boldsymbol{b} = a_1 b_1 + a_2 b_2$ … (4)

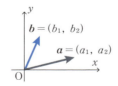

例8 $\boldsymbol{a} = (2, 3)$、$\boldsymbol{b} = (5, 1)$のとき、

$\boldsymbol{a} \cdot \boldsymbol{b} = 2 \cdot 5 + 3 \cdot 1 = 13$、$\boldsymbol{a} \cdot \boldsymbol{a} = 2 \cdot 2 + 3 \cdot 3 = 13$、$\boldsymbol{b} \cdot \boldsymbol{b} = 5 \cdot 5 + 1 \cdot 1 = 26$

立体空間で考えるとき、内積の成分表示の公式は次のようになります。平面のベクトルの内積の公式(4)にz成分を加えただけです。

> $\boldsymbol{a} = (a_1, a_2, a_3)$、$\boldsymbol{b} = (b_1, b_2, b_3)$ とするとき、
> $$\boldsymbol{a} \cdot \boldsymbol{b} = a_1 b_1 + a_2 b_2 + a_3 b_3 \quad \cdots (5)$$

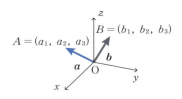

(注) 公式(4)(5)の証明は省きます。なお、(4)、(5)を内積の定義に用いる文献もあります。

例9 $\boldsymbol{a} = (2, 3, 2)$、$\boldsymbol{b} = (5, 1, -1)$ のとき、
$\boldsymbol{a} \cdot \boldsymbol{b} = 2 \cdot 5 + 3 \cdot 1 + 2 \cdot (-1) = 11$、$\boldsymbol{a} \cdot \boldsymbol{a} = 2 \cdot 2 + 3 \cdot 3 + 2 \cdot 2 = 17$

問4 次の2つのベクトル $\boldsymbol{a}$、$\boldsymbol{b}$ の内積を求めましょう。
① $\boldsymbol{a} = (2\sqrt{3}, 2,)$、$\boldsymbol{b} = (1, \sqrt{3})$
② $\boldsymbol{a} = (-3, 2, 1)$、$\boldsymbol{b} = (1, -3, 2)$

解 公式(4)、(5)から、
① $\boldsymbol{a} \cdot \boldsymbol{b} = 2\sqrt{3} \cdot 1 + 2 \cdot \sqrt{3} = 4\sqrt{3}$
② $\boldsymbol{a} \cdot \boldsymbol{b} = -3 \cdot 1 + 2 \cdot (-3) + 1 \cdot 2 = -7$

ベクトルの一般化

これまでは、平面または立体空間(すなわち2次元及び3次元の空間)でベクトルを考えました。ベクトルの便利な点は、平面や立体空間の性質が任意の次元にそのまま拡張できることです。ニューラルネットワークでは何万次元の空間を扱いますが、そこにも2次元及び3次元のベクトルの性質をそのまま利用できるのです。後述する**勾配降下法**(→本章§10、4、5章)でベクトルが活躍するのはこのためです。

では、後の準備のために、これまで調べてきた平面や立体空間のベクトルの公式を任意のn次元に拡張しておきましょう。

- ベクトルは成分で次のように表現できる：$\boldsymbol{a}=(a_1, a_2, \cdots, a_n)$
- （内積の成分表示）2つのベクトル

    $\boldsymbol{a}=(a_1, a_2, \cdots, a_n)$、$\boldsymbol{b}=(b_1, b_2, \cdots, b_n)$

    に対して、その内積$\boldsymbol{a}\cdot\boldsymbol{b}$は次のように与えられる。

    $\boldsymbol{a}\cdot\boldsymbol{b}=a_1b_1+a_2b_2+\cdots+a_nb_n$
- （コーシー・シュワルツの不等式）$-|\boldsymbol{a}\|\boldsymbol{b}|\leqq\boldsymbol{a}\cdot\boldsymbol{b}\leqq|\boldsymbol{a}\|\boldsymbol{b}|$

例10 ユニットは、複数の入力x_1、x_2、$\cdots$、x_nがあるとき、それらを次の「重み付き入力」にまとめます。

$z=w_1x_1+w_2x_2+\cdots+w_nx_n+b$

（w_1、w_2、$\cdots$、w_nは重み、bはバイアス）

これは、次の2つのベクトルベクトル

$\boldsymbol{w}=(w_1, w_2, \cdots, w_n)$、$\boldsymbol{x}=(x_1, x_2, \cdots, x_n)$

を用いて内積の形に表せます。

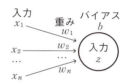

$z=\boldsymbol{w}\cdot\boldsymbol{x}+b$

この**例10**からわかるように、ニューラルネットワークの世界ではベクトル的な見方が役立ちます。

Memo テンソル

ベクトル概念を拡張したものに**テンソル**(tensor)があります。Googleが提供するAIサービスに**テンソルフロー**(TensorFlow)がありますが、この数学用語を用いたネーミングです。

テンソルはtension(物理学で「張力」)を語源とします。固体にこの張力を加えると、固体断面には力が働きます。この力を**応力**と呼びますが、その力は断面の取り方によって、大きさと方向が異なります。

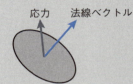

法線ベクトルとは考えている面に垂直なベクトルのこと。このベクトルの方向(すなわち、法線方向)によって、応力の向きと大きさは異なる。

そこで面の法線方向をx、y、z軸にとり、その面に働く力を順に

$$\begin{pmatrix} \tau_{11} \\ \tau_{21} \\ \tau_{31} \end{pmatrix}, \begin{pmatrix} \tau_{12} \\ \tau_{22} \\ \tau_{32} \end{pmatrix}, \begin{pmatrix} \tau_{13} \\ \tau_{23} \\ \tau_{33} \end{pmatrix}$$

とベクトルで表すと、これらをまとめた次の量が考えられます。

$$\begin{pmatrix} \tau_{11} & \tau_{12} & \tau_{13} \\ \tau_{21} & \tau_{22} & \tau_{23} \\ \tau_{31} & \tau_{32} & \tau_{33} \end{pmatrix}$$

これが**応力テンソル**と呼ばれるものです。

応力テンソルを数学的に抽象化したものがテンソルです。GoogleがAIサービスにテンソルフローという名を冠した経緯は寡聞にして知りませんが、添え字がいくつも付加された変数を多用するニューラルネットワークの世界とテンソルの計算が似ていることからの命名でしょう。

ニューラルネットワークの理解に役立つ行列

ニューラルネットワークの文献には行列（英語でmatrix）が用いられます。行列を利用すると、数式表現が簡潔になるからです。ここでは、文献を読む際に必要となる行列の知識を確認します。

(注) 本書3章以降の解説では行列の知識は前提としません。

● 行列とは

行列とは数の並びで、次のように表現されます。

$$A = \begin{pmatrix} 3 & 1 & 4 \\ 1 & 5 & 9 \\ 2 & 6 & 5 \end{pmatrix}$$

横の並びを**行**、縦の並びを**列**といいます。上の例では、3行と3列からなる行列なので、**3行3列**の行列といいます。

特に、この例のように、行と列とが同数の行列を**正方行列**といいます。また、次のような行列X、Yを順に**列ベクトル**、**行ベクトル**と呼びます。単に**ベクトル**と呼ばれることもあります。

$$X = \begin{pmatrix} 3 \\ 1 \\ 4 \end{pmatrix}, \quad y = (2 \quad 7 \quad 1)$$

さて、行列Aをもっと一般的に表現してみましょう。

$$A = \begin{pmatrix} a_{11} & a_{12} & \cdots & a_{1n} \\ a_{21} & a_{22} & \cdots & a_{2n} \\ \vdots & \vdots & \ddots & \vdots \\ a_{m1} & a_{m2} & \cdots & a_{mn} \end{pmatrix}$$

これはm行n列の行列ですが、そのi行j列に位置する値（**成分**といいます）を記号a_{ij}などと表します。

有名な行列として**単位行列**があります。成分a_{ii}が1で、他の成分が0の正方行列で、通常Eで表されます。例えば、2行2列、3行3列の単位行列E（**2次**及び**3次**の単位行列といいます）は、各々次のように表されます。

$$E = \begin{pmatrix} 1 & 0 \\ 0 & 1 \end{pmatrix}、 E = \begin{pmatrix} 1 & 0 & 0 \\ 0 & 1 & 0 \\ 0 & 0 & 1 \end{pmatrix}$$

(注) Eはドイツ語の1を表すeinの頭文字。

● **行列の相等**

2つの行列A、Bが等しいということは、対応する各成分が等しいことを意味し、$A = B$と書きます。

例1 $A = \begin{pmatrix} 2 & 7 \\ 1 & 8 \end{pmatrix}$、$B = \begin{pmatrix} x & y \\ u & v \end{pmatrix}$とすると、$A = B$は次のことを意味します。

$x = 2$、$y = 7$、$u = 1$、$v = 8$、

● **行列の和と差、定数倍**

二つの行列A、Bの和$\boldsymbol{A + B}$、差$\boldsymbol{A - B}$は、同じ位置の成分どうしの和、差と定義されます。また、行列の定数倍は、各成分を定数倍したものと定義します。次の例で、この意味を確かめてください。

例2 $A = \begin{pmatrix} 2 & 7 \\ 1 & 8 \end{pmatrix}$、$B = \begin{pmatrix} 2 & 8 \\ 1 & 3 \end{pmatrix}$のとき

$A + B = \begin{pmatrix} 2+2 & 7+8 \\ 1+1 & 8+3 \end{pmatrix} = \begin{pmatrix} 4 & 15 \\ 2 & 11 \end{pmatrix}$、$A - B = \begin{pmatrix} 2-2 & 7-8 \\ 1-1 & 8-3 \end{pmatrix} = \begin{pmatrix} 0 & -1 \\ 0 & 5 \end{pmatrix}$

$3A = 3\begin{pmatrix} 2 & 7 \\ 1 & 8 \end{pmatrix} = \begin{pmatrix} 3\times 2 & 3\times 7 \\ 3\times 1 & 3\times 8 \end{pmatrix} = \begin{pmatrix} 6 & 21 \\ 3 & 24 \end{pmatrix}$

● 行列の積

ニューラルネットワークへの応用で特に大切なのが、行列の積です。二つの行列 A、B の積 AB は「A の i 行を行ベクトルとみなし、B の j 列を列ベクトルとみなしたとき、それらの内積を i 行 j 列の成分にした行列」と定義されます。

$$i\text{行}\begin{bmatrix}\underline{}\\\\A\end{bmatrix}\begin{matrix}j\text{列}\\\ \begin{bmatrix}|\\|\\B\end{bmatrix}\end{matrix}=i\text{行}\begin{matrix}j\text{列}\\\ \begin{bmatrix}\bullet\\AB\end{bmatrix}\end{matrix}$$

A の i 行の行ベクトルと B の j 列の列ベクトルの内積が AB 行列の i 行 j 列の成分

2つの行列の積。

この意味を次の例で確かめてください。

例3 $A=\begin{pmatrix}2 & 7\\1 & 8\end{pmatrix}$、$B=\begin{pmatrix}2 & 8\\1 & 3\end{pmatrix}$ のとき

$$AB=\begin{pmatrix}2 & 7\\1 & 8\end{pmatrix}\begin{pmatrix}2 & 8\\1 & 3\end{pmatrix}=\begin{pmatrix}2\cdot 2+7\cdot 1 & 2\cdot 8+7\cdot 3\\1\cdot 2+8\cdot 1 & 1\cdot 8+8\cdot 3\end{pmatrix}=\begin{pmatrix}11 & 37\\10 & 32\end{pmatrix}$$

$$BA=\begin{pmatrix}2 & 8\\1 & 3\end{pmatrix}\begin{pmatrix}2 & 7\\1 & 8\end{pmatrix}=\begin{pmatrix}2\cdot 2+8\cdot 1 & 2\cdot 7+8\cdot 8\\1\cdot 2+3\cdot 1 & 1\cdot 7+3\cdot 8\end{pmatrix}=\begin{pmatrix}12 & 78\\5 & 31\end{pmatrix}$$

この例で分かるように、行列の積では交換法則が成立しません。すなわち、例外を除いて次の関係が成立します。

$$AB\neq BA$$

これが行列の最も重要な特性です。単位行列 E においては、行列 E と積が考えられる任意の行列 A との積について、次のように交換法則が成立します。

$$AE=EA=A$$

単位行列は**1と同じ性質をもつ行列**なのです。

● アダマール積

ニューラルネットワークの文献で散見されるのが「アダマール積」です。同じ形の行列 A、B において、同じ位置の成分を掛け合わせてできた行列を行列 A、

B の**アダマール積**といい、記号 $A \odot B$ で表現します。

例4 $A = \begin{pmatrix} 2 & 7 \\ 1 & 8 \end{pmatrix}$、$B = \begin{pmatrix} 2 & 8 \\ 1 & 3 \end{pmatrix}$ のとき

$$A \odot B = \begin{pmatrix} 2\cdot 2 & 7\cdot 8 \\ 1\cdot 1 & 8\cdot 3 \end{pmatrix} = \begin{pmatrix} 4 & 56 \\ 1 & 24 \end{pmatrix}$$

● 転置行列

行列 A の i 行 j 列にある値を j 行 i 列に置き換えて得られた行列を、元の行列 A の**転置行列**（transposed matrix）といいます。${}^t\!A$、A^t などと表記されますが、以下では ${}^t\!A$ で表現します。

例5 $A = \begin{pmatrix} 2 & 7 \\ 1 & 8 \end{pmatrix}$ のとき、${}^t\!A = \begin{pmatrix} 2 & 1 \\ 7 & 8 \end{pmatrix}$

例6 $B = \begin{pmatrix} 1 \\ 2 \end{pmatrix}$ のとき、${}^t\!B = \begin{pmatrix} 1 & 2 \end{pmatrix}$

(注) 転置行列の記法は様々です。ニューラルネットワークの文献を読むときには注意が必要です。

問 $A = \begin{pmatrix} 1 & 4 & 1 \\ 4 & 2 & 1 \end{pmatrix}$、$B = \begin{pmatrix} 2 & 7 & 1 \\ 8 & 2 & 8 \end{pmatrix}$ のとき、次の計算をしましょう。

① $A + B$ ② ${}^t\!AB$ ③ $A \odot B$

解 ① $A + B = \begin{pmatrix} 1+2 & 4+7 & 1+1 \\ 4+8 & 2+2 & 1+8 \end{pmatrix} = \begin{pmatrix} 3 & 11 & 2 \\ 12 & 4 & 9 \end{pmatrix}$

② ${}^t\!AB = \begin{pmatrix} 1 & 4 \\ 4 & 2 \\ 1 & 1 \end{pmatrix} \begin{pmatrix} 2 & 7 & 1 \\ 8 & 2 & 8 \end{pmatrix} = \begin{pmatrix} 1\cdot 2+4\cdot 8 & 1\cdot 7+4\cdot 2 & 1\cdot 1+4\cdot 8 \\ 4\cdot 2+2\cdot 8 & 4\cdot 7+2\cdot 2 & 4\cdot 1+2\cdot 8 \\ 1\cdot 2+1\cdot 8 & 1\cdot 7+1\cdot 2 & 1\cdot 1+1\cdot 8 \end{pmatrix}$

$= \begin{pmatrix} 34 & 15 & 33 \\ 24 & 32 & 20 \\ 10 & 9 & 9 \end{pmatrix}$

③ $A \odot B = \begin{pmatrix} 1\cdot 2 & 4\cdot 7 & 1\cdot 1 \\ 4\cdot 8 & 2\cdot 2 & 1\cdot 8 \end{pmatrix} = \begin{pmatrix} 2 & 28 & 1 \\ 32 & 4 & 8 \end{pmatrix}$

6 ニューラルネットワークのための微分の基本

ニューラルネットワークが「自ら学習する」ということの数学的な意味は、学習データに合致するように重みとバイアスを「最適化」(→ §12) するということです。その最適化のためには微分法が不可欠です。

(注) 本節で考える関数は十分滑らかな関数とします。

微分の定義

関数 $y = f(x)$ に対して**導関数** $f'(x)$ は次のように定義されます。

$$f'(x) = \lim_{\Delta x \to 0} \frac{f(x + \Delta x) - f(x)}{\Delta x} \quad \cdots (1)$$

(注) Δ は「デルタ」と発音されるギリシャ文字で、ローマ字のDに対応します。なお、関数や変数に ′ (プライム記号) を付けると、導関数を表します。

ちなみに、「$\lim_{\Delta x \to 0} (\Delta x\text{の式})$」とは「数 Δx を限りなく0に近づけたとき、(Δx の式) の近づく値」を意味します。

例1 $f(x) = 3x$ のとき、

$$f'(x) = \lim_{\Delta x \to 0} \frac{3(x + \Delta x) - 3x}{\Delta x} = \lim_{\Delta x \to 0} \frac{3\Delta x}{\Delta x} = \lim_{\Delta x \to 0} 3 = 3$$

例2 $f(x) = x^2$ のとき、

$$f'(x) = \lim_{\Delta x \to 0} \frac{(x + \Delta x)^2 - x^2}{\Delta x} = \lim_{\Delta x \to 0} \frac{2x \Delta x + (\Delta x)^2}{\Delta x} = \lim_{\Delta x \to 0} (2x + \Delta x) = 2x$$

与えられた関数 $f(x)$ の導関数 $f'(x)$ を求めることを「関数 $f(x)$ を**微分する**」といいます。また、(1) の計算が値を持つとき、**微分可能**といいます。

導関数の意味を次の図に示しましょう。この図が示すように、関数 $f(x)$ をグラフに描いたとき、$f'(x)$ はそのグラフの接線の傾きを表現します。したがって、

滑らかなグラフを持つ関数は微分可能となります。

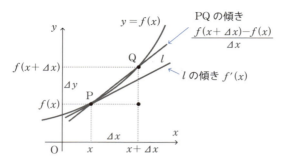

導関数の意味。$f'(x)$ はグラフの接線の傾きを表現。実際、Qを限りなくPに近づければ（すなわち $\Delta x \to 0$）、直線PQは接線 l に限りなく近づく。

ニューラルネットワークで利用する関数の微分公式

導関数を求めるのに定義式 (1) を利用するのは希です。普通は公式を利用します。ニューラルネットワークの計算で用いられる関数について、その微分公式を示しましょう（変数を x とし、c を定数とします）。

$$(c)' = 0、(x)' = 1、(x^2)' = 2x、(e^x)' = e^x、(e^{-x})' = -e^{-x} \cdots (2)$$

(注) 証明は略します。e はネイピア数（→ §1）です。

微分記号

式 (1) では関数 $y = f(x)$ の導関数を $f'(x)$ で表現しましたが、異なる表記法があります。次のように分数で表現するのです。

$$f'(x) = \frac{dy}{dx}$$

この表記法は大変便利です。後述するように、複雑な関数の微分があたかも分数のように計算できるからです。

例3 (2) の公式の $(c)'=0$ は、$\dfrac{dc}{dx}=0$ とも表記できます (c は定数)。

例4 (2) の公式の $(x)'=1$ は、$\dfrac{dx}{dx}=1$ とも表記できます。

微分の性質

次の公式を利用すると、微分できる関数の世界が飛躍的に広がります。

$$\{f(x)+g(x)\}'=f'(x)+g'(x),\ \{cf(x)\}'=cf'(x)\ (c は定数)\ \cdots (3)$$

(注) 組み合わせれば、$\{f(x)-g(x)\}'=f'(x)-g'(x)$ も簡単に示せます。

この公式 (3) を微分の**線形性**と呼びます。次のように言葉にすると覚えやすいでしょう。

和の微分は微分の和、定数倍の微分は微分の定数倍

「微分の線形性」は後に調べる誤差逆伝播法の陰の立役者になります。

例5 $C=(2-y)^2$ (y が変数) のとき、
$C'=(4-4y+y^2)'=(4)'-4(y)'+(y^2)'=0-4+2y=-4+2y$

> **問1** 次の関数 $f(x)$ を微分しましょう。
> ① $f(x)=2x^2+3x+1$ ② $f(x)=1+e^{-x}$
>
> **解** 公式 (2)、(3) から、
> ① $f'(x)=(2x^2)'+(3x)'+(1)'=2(x^2)'+3(x)'+(1)'=4x+3$
> ② $f'(x)=(1+e^{-x})'=(1)'+(e^{-x})'=-e^{-x}$

> **Memo** **メモ** 公式 $(e^{-x})'=-e^{-x}$
>
> 後に調べるチェーンルール（合成関数の微分公式）(→ §8) を用いれば、次のように簡単に表題の公式（公式 (2)）が導出できます。
>
> $y=e^u$、$u=-x$ とおいて、$y'=\dfrac{dy}{du}\dfrac{du}{dx}=e^u\cdot(-1)=-e^{-x}$

分数関数の微分とシグモイド関数の微分

関数が分数形をしているとき、それを微分する際に役立つのが次の分数関数の微分公式です。

$$\left\{\frac{1}{f(x)}\right\}' = -\frac{f'(x)}{\{f(x)\}^2} \quad \cdots (4)$$

(注) 証明は略します。関数 $f(x)$ は考えている範囲で 0 にはならないとします。

ニューラルネットワークで最も有名な活性化関数の一つがシグモイド関数です。シグモイド関数 $\sigma(x)$ は次のように定義されます（→ §1）。

$$\sigma(x) = \frac{1}{1+e^{-x}}$$

後に調べる勾配降下法では、この関数を微分する必要があります。そのとき便利なのが次の公式です。

$$\sigma'(x) = \sigma(x)(1-\sigma(x)) \quad \cdots (5)$$

この公式を利用すれば、微分しなくても、シグモイド関数の導関数の値が関数値 $\sigma(x)$ から得られることになります。

証明 公式 (4) の $f(x)$ に $1+e^{-x}$ を代入します。すると、式 (2) の指数関数の微分公式 $(e^{-x})' = -e^{-x}$ を利用して、

$$\sigma'(x) = -\frac{(1+e^{-x})'}{(1+e^{-x})^2} = \frac{e^{-x}}{(1+e^{-x})^2}$$

ところで、これは次のように変形できます。

$$\sigma'(x) = \frac{1+e^{-x}-1}{(1+e^{-x})^2} = \frac{1}{1+e^{-x}} - \frac{1}{(1+e^{-x})^2} = \sigma(x) - \sigma(x)^2$$

$\sigma(x)$ でくくると式 (5) が得られます。**終**

最小値の条件

導関数 $f'(x)$ が接線の傾きを表すことから、後で調べる「最適化」(→§12)で利用される次の原理が得られます。

> 関数 $f(x)$ が $x=a$ で最小値になるとき、$f'(a)=0$ … (6)

証明 $f'(a)$ が接線の傾きを表すことから、下図を見れば明らかです。 **終**

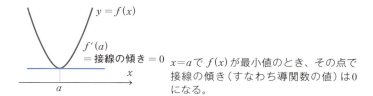

$x=a$ で $f(x)$ が最小値のとき、その点で接線の傾き(すなわち導関数の値)は0になる。

応用の際、次のことも頭に入れておきましょう。

> $f'(a)=0$ は関数 $f(x)$ が $x=a$ で最小値になるための**必要条件**である。

(注) p, q を命題とするとき、「p ならば q」が正しいとき、q は p であるための **必要条件** といいます。

このことは次の関数 $y=f(x)$ のグラフを見れば明らかでしょう。

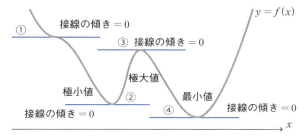

$f'(a)=0$(接線の傾きが0、すなわち接線がx軸に平行)でも、①②③の場合には、関数の最小値にはならない。

後述する勾配降下法で最小値を求める際に、この性質が大きな障りになることがあります。

> **例題** 次の関数 $f(x)$ の最小値を求めましょう。
> $$f(x) = 3x^4 - 4x^3 - 12x^2 + 32$$

解 まず導関数を求めます。

$$f'(x) = 12x^3 - 12x^2 - 24x = 12x(x+1)(x-2)$$

これから、次の表(**増減表**といいます)が作成できます。

x	…	-1	…	0	…	2	…
$f'(x)$	$-$	0	$+$	0	$-$	0	$+$
$f(x)$	↘	27	↗	32	↘	0	↗
		(極小)		(極大)		(最小)	

(注) 増加、減少は↗、↘で表します。また、区間を…で略記しています。

この表から、$x=2$ で最小値 0 **答**

増減表が与えられれば、グラフの概形が描けます。**例題**で作成した増減表を用いて、

$$f(x) = 3x^4 - 4x^3 - 12x^2 + 32$$

のグラフを描いてみましょう。それが右の図です。

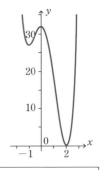

> **問2** 関数 $f(x) = 2x^2 - 4x + 3$ の最小値を求めましょう。
>
> **解** まず導関数を求めます。
>
> $$f'(x) = 4x - 4$$
>
> これから、次の増減表が作成できます。この表から、$x=1$ で最小値 1 **答**
>
> | x | … | 1 | … |
> |---|---|---|---|
> | $f'(x)$ | $-$ | 0 | $+$ |
> | $f(x)$ | ↘ | 1 | ↗ |
> | | | (最小) | |
>
> 参考までに、増減表の右にグラフを描きました。

7 ニューラルネットワークのための偏微分の基本

　ニューラルネットワークの計算には数万にも及ぶ変数が出てきます。ネットワークを構成するユニットのパラメータである「重み」と「バイアス」がすべて変数として扱われるからです。そこで、ニューラルネットワークの計算に必要な多変数の微分について調べましょう。

(注) 本節で考える関数は十分滑らかな関数とします。

多変数関数

　前に調べたように（→§1）、関数 $y = f(x)$ において、x を**独立変数**、y を**従属変数**といいます。前節（§6）の微分法の解説では、関数として独立変数が1つの場合を考えました。本節では、独立変数が2つ以上の関数を考えます。このように独立変数が2つ以上の関数を**多変数関数**といいます。

例1 $z = x^2 + y^2$

　多変数関数を視覚化するのは困難です。例えば、この **例1** のような単純な関数でも、そのグラフは下図のように大掛かりになります。

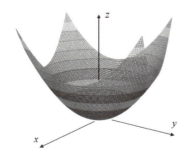

$z = x^2 + y^2$ のグラフ。

　ニューラルネットワークの関数を記述する変数の個数は何万にも及びます。視覚的に関数を理解することは絶望的です。しかし、1変数の場合を理解していれ

ば困ることはありません。その延長として理解できるからです。

ところで、1変数関数を表す記号として $f(x)$ などを利用しました。多変数の関数も、1変数の場合を真似て、次のように表現します。

例2 $f(x, y)$ ────── 2変数 x、y を独立変数とする関数

例3 $f(x_1, x_2, \cdots, x_n)$ ── n 変数 $x_1, x_2, \cdots, x_n$ を独立変数とする関数

偏微分

多変数関数の場合でも微分法が適用できます。ただし、変数が複数あるので、どの変数について微分するかを明示しなければなりません。この意味で、ある特定の変数について微分することを**偏微分**（partial derivative）といいます。

例えば、2変数 x, y から成り立つ関数 $z = f(x, y)$ を考えてみましょう。変数 x だけに着目して y は定数と考える微分を「x についての偏微分」と呼び、次の記号で表します。すなわち、

$$\frac{\partial z}{\partial x} = \frac{\partial f(x, y)}{\partial x} = \lim_{\Delta x \to 0} \frac{f(x + \Delta x, y) - f(x, y)}{\Delta x}$$

y についての偏微分も同様です。

$$\frac{\partial z}{\partial y} = \frac{\partial f(x, y)}{\partial y} = \lim_{\Delta y \to 0} \frac{f(x, y + \Delta y) - f(x, y)}{\Delta y}$$

ニューラルネットワークで利用される偏微分の代表例を、以下に **例4** と **問1** **問2** で示しましょう。

例4 $z = wx + b$ のとき、$\dfrac{\partial z}{\partial x} = w$、$\dfrac{\partial z}{\partial w} = x$、$\dfrac{\partial z}{\partial b} = 1$

> **問1** $f(x, y) = 3x^2 + 4y^2$ のとき、$\dfrac{\partial f(x, y)}{\partial x}$、$\dfrac{\partial f(x, y)}{\partial y}$ を求めましょう。
>
> **解** $\dfrac{\partial f(x, y)}{\partial x} = 6x$、$\dfrac{\partial f(x, y)}{\partial y} = 8y$

> **問2** $z = w_1 x_1 + w_2 x_2 + b_1$ のとき、x_1、w_2、b_1 について偏微分しましょう。
>
> **解** $\dfrac{\partial z}{\partial x_1} = w_1$、$\dfrac{\partial z}{\partial w_2} = x_2$、$\dfrac{\partial z}{\partial b_1} = 1$

多変数関数の最小条件

滑らかな1変数関数 $y = f(x)$ が、ある x で最小値をとる必要条件は、そのときの導関数が0となることでした(→ §6)。このことは、多変数関数でも同様です。例えば2変数関数では、次のように表現できます。

> 関数 $z = f(x, y)$ が最小値になる必要条件は、$\dfrac{\partial f}{\partial x} = 0$、$\dfrac{\partial f}{\partial y} = 0$ … (1)

この式(1)を一般的に n 変数の場合に拡張するのは容易でしょう。

なお、式(1)が成立することは下図を見れば明らかです。関数 $z = f(x, y)$ が最小となる点では、x 方向、及び y 方向に見てグラフはワイングラスの底のようになっているからです。

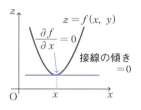 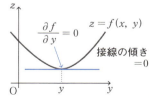

式(1)の意味。

先にも確認したように（→ §6）、この条件の式（1）は必要条件です。式（1）を満たしたからといって、関数 $f(x, y)$ がそこで最小値となる保証はありません。

例5 関数 $z = x^2 + y^2$ が最小になるときの x、y の値を求めましょう。

まず、x、y について偏微分してみます。

$$\frac{\partial z}{\partial x} = 2x, \quad \frac{\partial z}{\partial y} = 2y$$

すると、式（1）から、関数が最小になる必要条件は $x=0$、$y=0$ です。ところで、このとき関数値 z は0ですが、$z = x^2 + y^2 \geq 0$ なので、この関数値0が最小値であることがわかります。（先の **例1** のグラフで、このことを確かめましょう。）

> **Memo　メモ　ラグランジュの未定乗数法**
>
> 実用的な最小値問題では、変数に条件が付けられていることがあります。例えば、**例5** に似た次のような問題です。
>
> **例6**　$x^2 + y^2 = 1$ のとき、$x + y$ の最大値を求めましょう。
>
> このとき利用されるのが、**ラグランジュの未定乗数法**です。この方法ではまず定数 λ を用いて次の関数 L を作ります。
>
> $$L = f(x, y) - \lambda g(x, y) = (x+y) - \lambda(x^2 + y^2 - 1)$$
>
> こうしてから先の公式（1）を利用します。
>
> $$\frac{\partial L}{\partial x} = 1 - 2\lambda x = 0, \quad \frac{\partial L}{\partial y} = 1 - 2\lambda y = 0$$
>
> これらと条件 $x^2 + y^2 = 1$ から、$x = y = \lambda = \pm 1/\sqrt{2}$
> よって、$x = y = -1/\sqrt{2}$ のとき、$x + y$ の最小値は $-\sqrt{2}$ が得られます。
> この方法は、ニューラルネットワークをより効率的に解くために用いられる「正則化」と呼ばれる技法の中で利用されます。

8 誤差逆伝播法で必須のチェーンルール

複雑な関数を微分する際に役立つ**チェーンルール**を調べます。後述する誤差逆伝播法を理解するには必須の公式です。

(注) 本節で考える関数は十分滑らかな関数とします。

ニューラルネットワークと合成関数

関数 $y = f(u)$ があり、その u が $u = g(x)$ と表されるとき、y は x の関数として $y = f(g(x))$ のように入れ子構造として表せます（u や x は多変数を代表しているとみなします）。このとき、入れ子構造の関数 $f(g(x))$ を関数 $f(u)$ と $g(x)$ の**合成関数**といいます。

例1 関数 $z = (2-y)^2$ は関数 $u = 2-y$ と関数 $z = u^2$ の合成関数と考えられます。

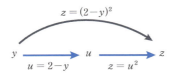

関数 $z = (2-y)^2$ は関数 $u = 2-y$ と関数 $z = u^2$ の合成関数。
なお、この関数の例は後にコスト関数で利用される。

例2 複数の入力 x_1、x_2、…、x_n に対して、$a(x)$ を活性化関数として、ユニット出力 y は次のように求められます（→1章§3）。

$$y = a(w_1 x_1 + w_2 x_2 + \cdots + w_n x_n + b)$$

w_1、w_2、…、w_n は各入力に対する重み、b はそのユニットのバイアスです。この出力関数は次のように x_1、x_2、…、x_n の1次関数 f、活性化関数 a の合成関数と考えられます。

$$\begin{cases} z = f(x_1, x_2, \cdots, x_n) = w_1 x_1 + w_2 x_2 + \cdots + w_n x_n + b \\ y = a(z) \end{cases}$$

入力　　　　　　　　重み付き入力　　　　　　　　出力

$x_1\ x_2\ \cdots\ x_n$　→　$z = f(x_1, x_2, \cdots, x_n)$　→　$y = a(z)$
$\qquad\qquad\qquad = w_1 x_1 + w_2 x_2 + \cdots + w_n x_n + b$

1 変数のときのチェーンルール

1変数の関数 $y = f(u)$ があり、その u が1変数の関数 $u = g(x)$ と表されるとき、合成関数 $f(g(x))$ の導関数は次のように簡単に求められます。

$$\frac{dy}{dx} = \frac{dy}{du}\frac{du}{dx} \ \cdots (1)$$

これを1変数関数の**合成関数の微分公式**と呼びます。また、**チェーンルール**、**連鎖律**などとも呼ばれます。本書ではチェーンルールという呼称を用います。

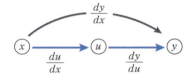

1変数関数のチェーンルール。
微分は分数と同じように計算できる。

公式 (1) を右辺から眺め、dx、dy、du を一つの文字とみなせば、左辺は右辺を単に約分しているだけです。この見方は常に成立します。微分を dx や dy などで表記することで、「合成関数の微分は分数と同じ約分が使える」と覚えられるのです。

(注) この約分のルールは dx、dy を2乗したりするときには使えません。

例3 y が u の関数、u が v の関数、v が x の関数のとき、

$$\frac{dy}{dx} = \frac{dy}{du}\frac{du}{dv}\frac{dv}{dx}$$

3つの合成関数についてのチェーンルール。2変数のときと同様、分数と同じように計算できる。

> **問** xの関数$y=\dfrac{1}{1+e^{-(wx+b)}}$を($w$、$b$は定数)を微分しましょう。

解 次のように関数を設定します。

$$y=\dfrac{1}{1+e^{-u}}、u=wx+b$$

第1式はシグモイド関数なので、前節(§6)の公式(5)から、

$$\dfrac{dy}{du}=y(1-y)$$

また、$\dfrac{du}{dx}=w$なので、

$$\dfrac{dy}{dx}=\dfrac{dy}{du}\dfrac{du}{dx}=y(1-y)w=\dfrac{w}{1+e^{-(wx+b)}}\left(1-\dfrac{1}{1+e^{-(wx+b)}}\right)$$

多変数関数のチェーンルール

多変数関数のときにも、チェーンルールの考え方がそのまま適用できます。分数を扱うように微分の式を変形すればよいのです。ただし、関係するすべての変数についてチェーンルールを適用する必要があるので、単純ではありません。

2変数の場合について考えてみます。

変数zがu、vの関数で、u、vがそれぞれx、yの関数なら、zはx、yの関数です。このとき次の公式(**多変数のチェーンルール**)が成立します。

$$\dfrac{\partial z}{\partial x}=\dfrac{\partial z}{\partial u}\dfrac{\partial u}{\partial x}+\dfrac{\partial z}{\partial v}\dfrac{\partial v}{\partial x} \cdots (2)$$

変数zがu、vの関数で、u、vがそれぞれx、yの関数なら、zをxで微分する際には、関与する変数すべてに寄り道しながら微分し掛け合わせ、最後に加え合わせる。

例4 上記公式 (2) と同様に、次の公式も成立します。

$$\frac{\partial z}{\partial y} = \frac{\partial z}{\partial u}\frac{\partial u}{\partial y} + \frac{\partial z}{\partial v}\frac{\partial v}{\partial y}$$

この **例3** の関係は下図のように示せます。

例5 $C = u^2 + v^2$、$u = ax + by$、$v = px + qy$（a、b、p、qは定数）のとき、

$$\frac{\partial C}{\partial x} = \frac{\partial C}{\partial u}\frac{\partial u}{\partial x} + \frac{\partial C}{\partial v}\frac{\partial v}{\partial x} = 2u \cdot a + 2v \cdot p = 2a(ax+by) + 2p(px+qy)$$

$$\frac{\partial C}{\partial y} = \frac{\partial C}{\partial u}\frac{\partial u}{\partial y} + \frac{\partial C}{\partial v}\frac{\partial v}{\partial y} = 2u \cdot b + 2v \cdot q = 2b(ax+by) + 2q(px+qy)$$

以上のことは、3 変数以上でも同様に成立します。

例6 $C = u^2 + v^2 + w^2$、であり、

$u = a_1 x + b_1 y + c_1 z$、$v = a_2 x + b_2 y + c_2 z$、$w = a_3 x + b_3 y + c_3 z$

（a_i、b_i、c_i ($i=1,\ 2,\ 3$) は定数）のとき、

$$\frac{\partial C}{\partial x} = \frac{\partial C}{\partial u}\frac{\partial u}{\partial x} + \frac{\partial C}{\partial v}\frac{\partial v}{\partial x} + \frac{\partial C}{\partial w}\frac{\partial w}{\partial x}$$

$$= 2u \cdot a_1 + 2v \cdot a_2 + 2w \cdot a_3$$

$$= 2a_1(a_1 x + b_1 y + c_1 z) + 2a_2(a_2 x + b_2 y + c_2 z) + 2a_3(a_3 x + b_3 y + c_3 z)$$

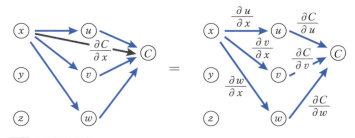

例6 の変数の関係

勾配降下法の基礎となる多変数関数の近似公式

ニューラルネットワークの決定法の代表的な方法が勾配降下法です。そのときに必須なのが多変数関数の近似公式です。

(注) 本節で考える関数は十分滑らかな関数とします。

1変数関数の近似公式

1変数関数 $y=f(x)$ を考えてみましょう。x を少しだけ変化させたなら、関数の値 y はどれくらい変化するでしょうか。その答えは導関数の定義式の中にあります（→ §6）。

導関数の定義式：$f'(x) = \lim_{\Delta x \to 0} \dfrac{f(x+\Delta x)-f(x)}{\Delta x}$

この定義式の中では、Δx は「限りなく小さい値」ですが、「小さい値」と置き換えても、大きな差は生じないでしょう。したがって、次の近似式が成立します。

$$f'(x) \fallingdotseq \dfrac{f(x+\Delta x)-f(x)}{\Delta x}$$

これを変形すれば、次の**1変数関数の近似公式**が得られます。

$$f(x+\Delta x) \fallingdotseq f(x) + f'(x)\Delta x \quad (\Delta x \text{は小さな数}) \quad \cdots (1)$$

例1 $f(x)=e^x$ のとき、$x=0$ 近くの近似式を求めましょう。

指数関数の微分公式 $f'(x)=e^x$（→ §6）を (1) に適用して

$e^{x+\Delta x} \fallingdotseq e^x + e^x \Delta x$（$\Delta x$ は微小な数）

$x=0$ とし、新たに Δx を x と置き換えると、$e^x \fallingdotseq 1+x$（x は微小な数）

これが **例1** の答です。

次のグラフは$y=e^x$と$y=1+x$を重ねて描いたものです。$x=0$近くで2つのグラフは重なっています。例1 の答の正当性が確かめられます。

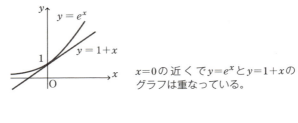

$x=0$の近くで$y=e^x$と$y=1+x$のグラフは重なっている。

多変数関数の近似公式

1変数関数の近似式 (1) を2変数関数に拡張してみましょう。x、yを少しだけ変化させたなら、関数$z=f(x, y)$の値はどれくらい変化するでしょうか。その答えが次の近似公式です。Δx, Δyは小さな数とします。

$$f(x+\Delta x, y+\Delta y) \fallingdotseq f(x, y) + \frac{\partial f(x, y)}{\partial x}\Delta x + \frac{\partial f(x, y)}{\partial y}\Delta y \cdots (2)$$

例2 $z=e^{x+y}$のとき、$x=y=0$近くの近似式を求めましょう。

指数関数の微分公式 $\dfrac{\partial z}{\partial x} = \dfrac{\partial z}{\partial y} = e^{x+y}$（→§6）を公式 (2) に適用して、

$e^{x+\Delta x+y+\Delta y} \fallingdotseq e^{x+y} + e^{x+y}\Delta x + e^{x+y}\Delta y$（$\Delta x$、$\Delta y$は微小な数）

$x=y=0$とし、新たにΔxをx、Δyをyと置き換えると、

$e^{x+y} \fallingdotseq 1+x+y$（$x$、$y$は微小な数）

以上が 例2 の解答です。さて、近似式 (2) を簡潔に表現してみましょう。まず次のΔzを定義します。

$\Delta z = f(x+\Delta x, y+\Delta y) - f(x, y)$

これはx、yを順にΔx, Δyだけ変化させたときの関数$z = f(x, y)$の変化を表します。すると、近似公式(2)は次のように簡潔に表現されます。

$$\Delta z \fallingdotseq \frac{\partial z}{\partial x} \Delta x + \frac{\partial z}{\partial y} \Delta y \quad \cdots (3)$$

このように表現すると、近似公式(2)を拡張するのは簡単でしょう。例えば、変数zが3変数w、x、yの関数のとき、近似公式は次のようになります。

$$\Delta z \fallingdotseq \frac{\partial z}{\partial w} \Delta w + \frac{\partial z}{\partial x} \Delta x + \frac{\partial z}{\partial y} \Delta y \quad \cdots (4)$$

近似公式のベクトル表現

3変数関数の近似公式(4)を見てください。これは次の2つのベクトルの内積$\nabla z \cdot \Delta x$の形をしています。

$$\nabla z = \left(\frac{\partial z}{\partial w}, \frac{\partial z}{\partial x}, \frac{\partial z}{\partial y}\right), \quad \Delta x = (\Delta w, \Delta x, \Delta y) \quad \cdots (5)$$

(注) ∇は通常「ナブラ」と読まれます(→次節§10)。

容易に想像できるように、一般的にn変数の関数においても、近似公式はこのように内積の形で表せます。このことが、次節で調べる勾配降下法の原理につながります。

> **メモ** テイラー展開
>
> 近似公式を一般化した公式があります。それが**テイラー展開**と呼ばれる公式です。例えば、2変数の場合、この公式は次のように表せます。
>
> $$f(x+\Delta x, y+\Delta y) = f(x, y) + \frac{\partial f}{\partial x}\Delta x + \frac{\partial f}{\partial y}\Delta y$$
> $$+ \frac{1}{2!}\left\{\frac{\partial^2 f}{\partial x^2}(\Delta x)^2 + 2\frac{\partial^2 f}{\partial x \partial y}\Delta x \Delta y + \frac{\partial^2 f}{\partial y^2}(\Delta y)^2\right\}$$
> $$+ \frac{1}{3!}\left\{\frac{\partial^3 f}{\partial x^3}(\Delta x)^3 + 3\frac{\partial^3 f}{\partial x^2 \partial y}(\Delta x)^2(\Delta y) + 3\frac{\partial^3 f}{\partial x \partial y^2}\Delta x(\Delta y)^2 + \frac{\partial^3 f}{\partial y^3}(\Delta y)^3\right\}$$
> $$+ \cdots$$
>
> このテイラー展開において、最初の3項を拾い上げたのが公式(2)なのです。
>
> ちなみに、$\dfrac{\partial^2 f}{\partial x^2} = \dfrac{\partial}{\partial x}\dfrac{\partial f}{\partial x}$、$\dfrac{\partial^2 f}{\partial x \partial y} = \dfrac{\partial}{\partial x}\dfrac{\partial f}{\partial y}$、… と約束します。

10 勾配降下法の意味と公式

関数が最小となる点を探すことは、応用数学の最も大切な役割の一つです。本節では、その点の探し方として有名な**勾配降下法**について調べましょう。後に示すように（→4、5章）、勾配降下法はニューラルネットワークの数学的な武器となります。

本節では主に2変数関数で話を進めます。ニューラルネットワークでは何万という変数を扱うことも稀ではありませんが、数学的な原理はこの2変数の場合と同じです。

(注) これまで同様、本節で考える関数は十分滑らかな関数とします。

勾配降下法のアイデア

関数 $z = f(x, y)$ が与えられたとき、この関数を最小にする x、y をどう求めればよいでしょうか？ 最も有名な求め方は、関数 $z = f(x, y)$ を最小にする x、y が次の関係を満たすことを利用する方法です（→§7）。

$$\frac{\partial f(x, y)}{\partial x} = 0、\frac{\partial f(x, y)}{\partial y} = 0 \cdots (1)$$

関数が最小の点では、ワイングラスの底のように、接する平面が水平になることが期待されるからです。

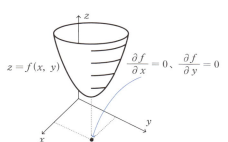

式(1)の意味。
関数が最小の点はワイングラスの底のような形になり、関数の増加はその近傍で0になる。なお、この式はあくまで必要条件にすぎない。

ところで、実際の問題では、連立方程式(1)は容易に解けないのが普通です。そのときはどうすればよいでしょうか。**勾配降下法**はその代案となる代表的な方法です。式(1)のように方程式から直接求めるのではなく、グラフ上の点を少しずつ動かしながら、手探りで関数の最小点を探し出す方法です。

　勾配降下法の考え方を見てみましょう。いま、グラフを斜面と見立てます。その斜面上のある点Pにピンポン玉を置き、そっと手を放してみます。玉は最も急な斜面を選んで転がり始めます。少し進んだら、球を止め、その位置から再度放してみましょう。ピンポン玉はまたその点で最も急な斜面を選び転がり始めます。

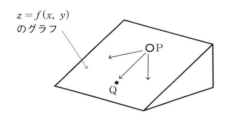

関数のグラフの一部を拡大し、斜面に見立てた図。玉は最急坂（PQの方向）を探して転がり始める。

　この操作を何回も繰り返せば、ピンポン玉は最短な経路をたどってグラフの底、すなわち関数の最小点にたどり着くはずです。この玉の動きをまねたのが勾配降下法です。

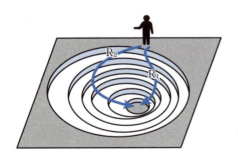

ピンポン玉の動きを人がたどると、人は最短のルートR_1でグラフの底（最小値）にたどり着く。

　数値解析の分野では勾配降下法を**最急降下法**とも呼びます。グラフを最短で下るということを表現するネーミングです。

近似公式と内積の関係

いま調べたアイデアに従って勾配降下法を公式化してみます。

関数 $z = f(x, y)$ において、x を Δx だけ、y を Δy だけ変化させたときの関数 $f(x, y)$ の値の変化

$$\Delta z = f(x + \Delta x, y + \Delta y) - f(x, y)$$

を調べてみましょう。近似公式（→ §9）から次の関係式が成立します。

$$\Delta z = \frac{\partial f(x, y)}{\partial x} \Delta x + \frac{\partial f(x, y)}{\partial y} \Delta y \quad \cdots (2)$$

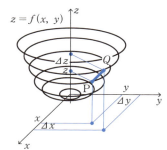

図において、§9の公式から
$\Delta z = f(x + \Delta x, y + \Delta y) - f(x, y)$
と Δx, Δy の間に (2) の関係が成立する。

前節 (§9) でも言及したように、(2) の右辺は次の 2 つのベクトルの内積（→ §4）の形をしています。

$$\left(\frac{\partial f(x, y)}{\partial x}, \frac{\partial f(x, y)}{\partial y} \right), \ (\Delta x, \Delta y) \quad \cdots (3)$$

この内積の関係に気付くことが勾配降下法の出発点となります。

$$\left(\frac{\partial f(x, y)}{\partial x}, \frac{\partial f(x, y)}{\partial y} \right)$$

$(\Delta x, \Delta y)$

内積 ⟶ $\Delta z = \frac{\partial f(x, y)}{\partial x} \Delta x + \frac{\partial f(x, y)}{\partial y} \Delta y$

(2) の左辺 Δz は (3) の 2 つのベクトルの内積で表される。

ベクトルの内積のおさらい

0でない2つのベクトルa、bで、a、bの大きさを固定して考えましょう。このとき、内積$a \cdot b$が最小になるのは、bの向きがaと反対のときです（→ §4）。

ベクトルa、bの内積$a \cdot b$は$|a||b|\cos\theta$（θは2つのベクトルのなす角）（左図）。この値が最小になるのはθが180°（すなわちa、bが反対向き）のとき（右図）。

すなわち、内積$a \cdot b$が最小になるベクトルbの向きは、bが次の条件式を満たすときです。

$b = -ka$（kは正の定数） …（4）

この内積の性質（4）が勾配降下法の数学的な基礎になります。

2変数関数の勾配降下法の基本式

xをΔxだけ、yをΔyだけ変化させたとき、関数$z = f(x, y)$の変化Δzは式(2)、すなわち2つのベクトル(3)の内積で表せます。ところで、この内積が最小になるのは、式(4)から2つのベクトルが反対向きのときです。すなわち、式(2)のΔzが最小になるのは（すなわち最も減少するのは）、(3)の2つのベクトルがちょうど反対向きになるときなのです。

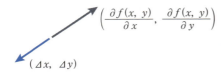

(2)のΔzが最小になるのは、換言すれば、最もグラフが急勾配で減少するのは、(3)の2つのベクトルが反対向きのとき。

以上の議論から、点(x, y)から点$(x + \Delta x, y + \Delta y)$に移動するとき、関数$z = f(x, y)$が最も減少するのは次の関係が満たされるときであることがわかります。これが2変数のときの勾配降下法の基本式になります。

§10 勾配降下法の意味と公式

$$(\Delta x, \Delta y) = -\eta \left(\frac{\partial f(x, y)}{\partial x}, \frac{\partial f(x, y)}{\partial y} \right) \quad (\eta \text{は正の小さな定数}) \cdots (5)$$

(注) ηはイータと読むギリシャ文字です。ローマ字のiに対応します。(4)のようにkを用いてもよいのですが、多くの文献で採用するηを用いました。

この関係(5)を用いて

点(x, y)から点$(x+\Delta x, y+\Delta y)$ …(6)

に移動すれば、その地点(x, y)で最も速くグラフの坂を下ることができます。

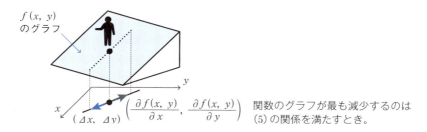

関数のグラフが最も減少するのは(5)の関係を満たすとき。

式(5)の右辺にあるベクトル$\left(\dfrac{\partial f(x, y)}{\partial x}, \dfrac{\partial f(x, y)}{\partial y} \right)$を関数$f(x, y)$の点$(x, y)$における**勾配**(gradient)と呼びます。最も急な勾配の方向を与えることからくるネーミングです。

> **例題** Δx、Δyは小さい数とします。関数$z = x^2 + y^2$において、x、yが各々1から$1 + \Delta x$、2から$2 + \Delta y$に変化するとき、この関数が最も減少するときのベクトル$(\Delta x, \Delta y)$を求めましょう。

解 (5)から、Δx、Δyは次の関係を満たします。

$(\Delta x, \Delta y) = -\eta \left(\dfrac{\partial z}{\partial x}, \dfrac{\partial z}{\partial y} \right)$ （ηは正の小さな定数）

$\dfrac{\partial z}{\partial x} = 2x$, $\dfrac{\partial z}{\partial y} = 2y$で、題意から$x = 1$、$y = 2$より、

$(\Delta x, \Delta y) = -\eta(2, 4)$ （ηは正の小さな定数） **答**

勾配降下法とその使い方

先に勾配降下法のアイデアを見るためにピンポン玉の動かし方を調べました。場所によって急坂となる方向が異なるので、「少しだけ場所を移動しながら急坂部分を探す」という手続きを繰り返すことで、グラフの底、すなわち関数の最小点にたどり着けることを確認しました。

それは山を下る場合も同じです。最も急な下り方向は場所ごとに異なります。そこで、最短で下山するには、少しずつ下りながら、場所ごとに最も急な勾配を探さねばなりません。

関数の場合もまったく同様です。関数の最小値を探すには、関係式(5)を利用して最も減少する方向を探し、その方向に式(6)に従って少し移動します。その移動先の点で再度(5)を算出し、再び式(6)に従って少し移動します。このような計算を繰り返すことで、すなわち(5)(6)の計算を繰り返すことで、最小点を探すことができます。こうして関数の$f(x, y)$の最小となる点を探す方法を2変数の場合の**勾配降下法**といいます。

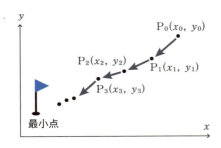

初期位置P_0から式(5)(6)を利用して最も勾配の急な点P_1の位置を求める。その位置P_1から式(5)(6)を利用して更に最も勾配の急な点P_2の位置を求める。すなわち(5)(6)を繰り返すと最も早く最小点にたどり着ける。この方法が勾配降下法。

次節では、この勾配降下法をExcelで体験してみましょう。以上の説明が具体的に了解できると思います。

3 変数以上の場合に勾配降下法を拡張

2変数の勾配降下法の基本式(5)を3変数以上に一般化するのは容易でしょう。関数fがn変数x_1, x_2, …, x_nから成り立つとき、勾配降下法の基本式(5)は次のように一般化できます。

> ηを正の小さな定数として、変数x_1, x_2, …, x_nが$x_1+\Delta x_1$、$x_2+\Delta x_2$、…、$x_n+\Delta x_n$に変化するとき、関数fが最も減少するのは次の関係を満たすときである。
>
> $$(\Delta x_1,\ \Delta x_2,\ \cdots,\ \Delta x_n)=-\eta\left(\frac{\partial f}{\partial x_1},\ \frac{\partial f}{\partial x_2},\ \cdots,\ \frac{\partial f}{\partial x_n}\right) \cdots(7)$$

ここで、次のベクトルを関数fの点$(x_1, x_2, \cdots, x_n)$における**勾配**といいます。

$$\left(\frac{\partial f}{\partial x_1},\ \frac{\partial f}{\partial x_2},\ \cdots,\ \frac{\partial f}{\partial x_n}\right)$$

2変数の関数の場合と同様、この関係(7)を用いて

点$(x_1, x_2, \cdots, x_n)$から点$(x_1+\Delta x_1, x_2+\Delta x_2, \cdots, x_n+\Delta x_n)$ …(8)

に移動すれば、最も急な関数の減少方向に移動できます。そして、この移動(8)を繰り返せば、n次元空間で最も急な減少方向を算出しながら関数の最小点を探すことができます。これがn変数の場合の**勾配降下法**です。

ちなみに、この式(7)や(8)はn次元であり、そのイメージを紙の上に描くことはできません。イメージ的な理解を得るには、2変数の場合の(5)、(6)をそのまま利用するのが良いでしょう。

ハミルトン演算子 ∇

　実用的なニューラルネットワークでは、何万という変数から構成された関数の最小値が主題になります。そこで、式(7)のような表現は冗長になる場合があります。そこで、コンパクトに表現する記法を調べます。

　数学の世界に「ベクトル解析」と呼ばれる分野があります。そこでよく用いられる記法に記号 ∇ があります。∇ は**ハミルトン演算子**と呼ばれますが、次のように定義されます。

$$\nabla f = \left(\frac{\partial f}{\partial x_1},\ \frac{\partial f}{\partial x_2},\ \cdots,\ \frac{\partial f}{\partial x_n} \right)$$

　これを利用すると、(7)は次のように記述されます。

$$(\Delta x_1,\ \Delta x_2,\ \cdots,\ \Delta x_n) = -\eta \nabla f \quad (\eta は正の小さな定数)$$

(注) 既に述べたように(→ §9)、∇ は通常「ナブラ」と読まれます。ギリシャの竪琴(ナブラ)の形をしているのでそう呼ばれます。

例1 2変数関数 $f(x, y)$ のとき、勾配降下法の基本式(5)は次のように表現されます。

$$(\Delta x,\ \Delta y) = -\eta \nabla f(x, y)$$

例2 3変数関数 $f(x, y, z)$ のとき、勾配降下法の基本式(7)は次のように表現されます。

$$(\Delta x,\ \Delta y,\ \Delta z) = -\eta \nabla f(x, y, z)$$

　ちなみに、左辺のベクトル $(\Delta x_1,\ \Delta x_2,\ \cdots,\ \Delta x_n)$ は**変位ベクトル**と呼ばれます。これを $\Delta \boldsymbol{x}$ と表しましょう。

$$\Delta \boldsymbol{x} = (\Delta x_1,\ \Delta x_2,\ \cdots,\ \Delta x_n)$$

　この変位ベクトルを利用すると、勾配降下法の基本式(7)は更に簡潔にまとめられます。

$$\Delta \boldsymbol{x} = -\eta \nabla f \quad (\eta は正の小さな定数) \quad \cdots (9)$$

η の意味と勾配降下法の注意点

これまでηは単に正の小さな定数と表現してきました。実際にコンピュータで計算する際、このηをどのように決めればよいかが大きな問題になります。

式(5)の導出からわかるように、ηは人が移動する際の「歩幅」と見立てられます。このηで決められた値に従って次に移動する点が決められるからです。その歩幅が大きいと最小値に達しても、それを飛び越してしまう危険があります(下図左)。歩幅が小さいと、極小値で停留してしまう危険があります(下図右)。

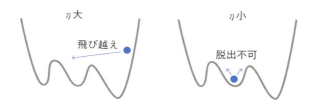

ニューラルネットワークの世界では、定数ηは**学習係数**と呼ばれます。その決め方については、残念ながら確たる基準はなく、試行錯誤でより良い値を探すしかありません。

> **Memo　メモ　偏微分記号の読み方**
>
> 偏微分には日常では使わない記号∂(partial derivative symbol)が用いられます。これはフランス革命期の有名な思想家コンドルセによる発案といわれますが、その日本語の読み方には統一性がありません。例えば∂xを、「ラウンド**x**」とか「デル**x**」などと短縮形で読んでいるのが普通です。
>
> ∂自体の記号の名称を調べてみましょう。JISの文字コード名称としては「デル」と記載されています。これは**derivative**の先頭3文字の省略形**der**のカタカナ読みです。実際、パソコンの**IME**で「でる」と入力すると、∂記号が表示されるのが一般的です。ちなみに、Δ、∇記号は、文書に書き込みたいときには、順に「でるた」「なぶら」と入力するとよいでしょう。

2章 ニューラルネットワークのための数学の基本

勾配降下法をExcelで体験

　勾配降下法はニューラルネットワークの計算の基本です。そこで、Excelでその意味を確認しましょう。Excelは論理の過程を見るには優れたツールです。勾配降下法がどのようなものか、ワークシートで視覚的に確かめられるからです。例として、次の問題をExcelで解いてみます。

> **例題** 関数$z = x^2 + y^2$について、その最小値を与えるx、yの値を勾配降下法で求めましょう。

(注) §7の**例5**で調べたように、正解は$(x, y) = (0, 0)$です。また、この関数のグラフを§7に描いてあるので参考にしてください。

解 最初に勾配を求めておきましょう。

$$\text{勾配}\left(\frac{\partial z}{\partial x},\ \frac{\partial z}{\partial y}\right) = (2x,\ 2y) \quad \cdots (1)$$

それでは、ステップを追って計算を進めます。

① 初期設定

　初期位置$(x_i, y_i)(i = 0)$と学習係数ηを適当に与えます。

② 変位ベクトルを算出

　現在位置(x_i, y_i)に対して、勾配(1)を算出し、勾配降下法の基本式(§10式(5))から変位ベクトル$\Delta x = (\Delta x_i,\ \Delta y_i)$を求めます。式(1)から

$(\Delta x_i, \Delta y_i) = -\eta(2x_i, 2y_i) = (-\eta \cdot 2x_i, -\eta \cdot 2y_i)$ … (2)

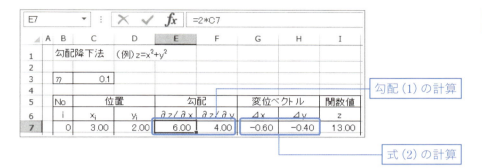

③ 位置を更新

勾配降下法に従って、現在位置(x_i, y_i)から移動先の点(x_{i+1}, y_{i+1})を次の式から求めます。

$(x_{i+1}, y_{i+1}) = (x_i, y_i) + (\Delta x_i, \Delta y_i)$ … (3)

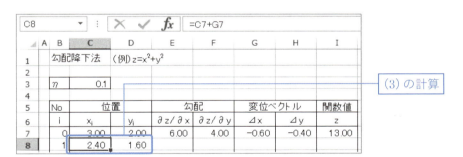

> **メモ** 1変数の関数の勾配降下法
>
> 1変数の関数 $y = f(x)$ についても勾配降下法は使えます。前節§10の公式(7)を1次元のベクトルの場合($n = 1$)と解釈するだけのことです。すなわち、偏微分を微分に置き換えた次の式が勾配降下法の基本式になります。
>
> $\Delta x = -\eta f'(x)$ （ηは小さな正の定数）

④ ②~③の操作の繰り返し

　以下の図は、②~③の操作を30回繰り返したときの座標 (x_{30}, y_{30}) の値です。§7 **例5** で調べた正解 $(x, y) = (0, 0)$ と一致しています。

	A	B	C	D	E	F	G	H	I
1		勾配降下法		（例）z=x²+y²					
2									
3		η	0.1						
4									
5		No	位置		勾配		変位ベクトル		関数値
6		i	x_i	y_i	$\partial z/\partial x$	$\partial z/\partial y$	Δx	Δy	z
7		0	3.00	2.00	6.00	4.00	−0.60	−0.40	13.00
8		1	2.40	1.60	4.80	3.20	−0.48	−0.32	8.32
9		2	1.92	1.28	3.84	2.56	−0.38	−0.26	5.32
10		3	1.54	1.02	3.07	2.05	−0.31	−0.20	3.41
11		4	1.23	0.82	2.46	1.64	−0.25	−0.16	2.18
12		5	0.98	0.66	1.97	1.31	−0.20	−0.13	1.40
35		28	0.01	0.00	0.01	0.01	0.00	0.00	0.00
36		29	0.00	0.00	0.01	0.01	0.00	0.00	0.00
37		30	0.00	0.00	0.01	0.00	0.00	0.00	0.00

最小値を与える (x, y)　　　関数の最小値

> **メモ** η と歩幅
>
> §10では「η を歩幅と見立てられる」と表現しましたが、正確ではありません。正確には§10（5）（一般的には（7））の右辺そのものの大きさが歩幅になります。ところで、人の歩幅はほぼ一定ですが、勾配降下法の「歩幅」にはムラがあります。勾配の大きさが場所によって異なるからです。そこで、応用数学の数値計算では、例えば式（5）を次のように変形する場合があります。
>
> $$(\Delta x, \Delta y) = -\eta \left(\frac{\partial f(x, y)}{\partial x}, \frac{\partial f(x, y)}{\partial y} \right) \Big/ \sqrt{\left(\frac{\partial f(x, y)}{\partial x}\right)^2 + \left(\frac{\partial f(x, y)}{\partial y}\right)^2}$$
>
> こうすれば、勾配が単位ベクトルに修正されるので、η を歩幅とみなせるようになります。

12 最適化問題と回帰分析

データを分析するために数学モデルを作成するとき、そのモデルはパラメータで規定されるのが普通です。そのパラメータはどのように決定されるでしょうか。それが数学の世界で**最適化問題**と呼ばれるテーマです。

ニューラルネットワークの決定は、数学的にいえば、最適化問題の一つです。ニューラルネットワークを規定するパラメータ(すなわち重みとバイアス)を、実際のデータに合致するようにフィットさせる問題なのです。

この最適化問題を理解するのに最もわかりやすい例題が**回帰分析**です。簡単な回帰分析を利用して、この最適化問題の仕組みを調べましょう。

回帰分析とは

複数の変数からなる資料において、特定の1変数に着目し、残りの変数で説明する手法を**回帰分析**といいます。回帰分析にはいろいろな種類がありますが、考え方を知るために最も簡単な「線形の単回帰分析」と呼ばれる分析法を調べることにします。

「線形の単回帰分析」とは2つの変数からなる資料を対象にします。いま、下図のように、2変数x, yの資料とその相関図が与えられているとします。

個体名	x	y
1	x_1	y_1
2	x_2	y_2
3	x_3	y_3
…	…	…
n	x_n	y_n

資料

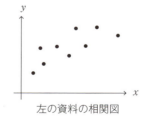

左の資料の相関図

「線形の単回帰分析」は、右に示した相関図上の点列を直線で代表させ、その直線の式で2変数の関係を調べる分析術です。

点列を代表するこの直線を**回帰直線**と呼びます。

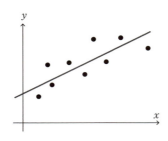

相関図上の点列を直線で代表させ、その直線の式で2変数の関係を調べる分析術が線形の単回帰分析。この直線を「回帰直線」という。

この回帰直線は次のように1次式で表現されます。

$y = px + q$ 　（p、qは定数）　…（1）

これを**回帰方程式**と呼びます。

x, yはデータを構成する個々の値を入れるための変数で、右辺のxを**説明変数**、左辺のyを**目的変数**といいます。定数p、qはこの回帰分析モデルを定めるパラメータで、与えられたデータから決定されます。

(注) pを**回帰係数**、qを**切片**と呼びます。

具体例で回帰分析の論理を理解

具体例を通して、回帰方程式(1)をどのように決定するか、見てみましょう。

> **例題** 次の資料は高校3年生の女子生徒7人の身長と体重の資料です。この資料から、体重yを目的変数、身長xを説明変数とする回帰方程式 $y = px + q$ （p、qは定数）を求めましょう。
>
> | 番号 | 身長x | 体重y |
> |---|---|---|
> | 1 | 153.3 | 45.5 |
> | 2 | 164.9 | 56.0 |
> | 3 | 168.1 | 55.0 |
> | 4 | 151.5 | 52.8 |
> | 5 | 157.8 | 55.6 |
> | 6 | 156.7 | 50.8 |
> | 7 | 161.1 | 56.4 |
>
> 生徒7人の身長と体重の資料。

12 最適化問題と回帰分析

解 求める回帰方程式を次のように置きます。

$$y = px + q \quad (p、q は定数) \quad \cdots (2)$$

k 番の生徒の身長を x_k、体重を y_k と表記しましょう。すると、k 番の生徒の回帰分析が予測する値（**予測値**といいます）は次のように求められます。

$$px_k + q \quad \cdots (3)$$

この予測値を表に示しましょう。

番号	身長 x	体重 y	予測値 $px+q$
1	153.3	45.5	$153.3p+q$
2	164.9	56.0	$164.9p+q$
3	168.1	55.0	$168.1p+q$
4	151.5	52.8	$151.5p+q$
5	157.8	55.6	$157.8p+q$
6	156.7	50.8	$156.7p+q$
7	161.1	56.4	$161.1p+q$

y の実測値と予測値。
数学的な最適化を考える際、実測値と予測値の違いを理解しておくことは大切。

実際の体重 y_k と予測値との誤差 e_k は次のように算出されます。

$$e_k = y_k - (px_k + q) \quad \cdots (4)$$

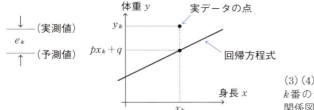

(3)(4) の関係を図示。
k 番の生徒の x_k、y_k、e_k の関係図。

この e_k の値は正にも負にもなり、データ全体で加え合わせると 0 になってしまいます。そこで、次の値 C_k を考えます。これを **2乗誤差** と呼びます。

$$C_k = \frac{1}{2}(e_k)^2 = \frac{1}{2}\{y_k - (px_k + q)\}^2 \quad \cdots (5)$$

(注) 係数 $1/2$ は後の便宜のためです。この値が結論に影響することはありません。

この2乗誤差をデータ全体で加え合わせた値C_Tを考えましょう。

$$C_T = C_1 + C_2 + \cdots + C_7$$

先の表と式(5)から、誤差の総和C_Tはp、qの式で次のように表せます。

$$C_T = \frac{1}{2}\{45.5-(153.3p+q)\}^2 + \frac{1}{2}\{56.0-(164.9p+q)\}^2$$
$$+\cdots+\frac{1}{2}\{50.8-(156.7p+q)\}^2 + \frac{1}{2}\{56.4-(161.1p+q)\}^2 \cdots(6)$$

目標は定数p、qの値の決定です。回帰分析では「誤差の総和(6)が最小になるp、qが解となる」と考えます。この解の考え方が与えられれば、後は簡単です。次の最小値条件を利用すればよいからです（→§7）。

$$\frac{\partial C_T}{\partial p} = 0 、 \frac{\partial C_T}{\partial q} = 0 \cdots(7)$$

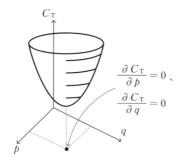

(7)の図形的な意味。

実際に式(6)を計算してみましょう。偏微分のチェーンルールから（→§8）、

$$\frac{\partial C_T}{\partial p} = -153.3\{45.5-(153.3p+q)\} - 164.9\{56.0-(164.9p+q)\} -$$
$$\cdots - 156.7\{50.8-(156.7p+q)\} - 161.1\{56.4-(161.1p+q)\} = 0$$

$$\frac{\partial C_T}{\partial q} = -\{45.5-(153.3p+q)\} - \{56.0-(164.9p+q)\} -$$
$$\cdots - \{50.8-(156.7p+q)\} - \{56.4-(161.1p+q)\} = 0$$

まとめると、次の式が得られます。

$1113.4p + 7q = 372.1$ 、 $177312p + 1113.4q = 59274$

この連立方程式を解いて、

$p = 0.41$、$q = -12.06$

こうして、目標の回帰方程式（2）が次のように得られました。

$y = 0.41x - 12.06$ **答**

(注) このとき、$C_T = 27.86$ となります。

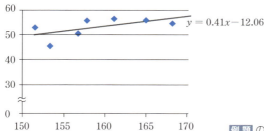

例題 の解となる回帰直線。

以上が線形の単回帰分析で用いられる回帰方程式の決定法です。大切なことは、これが「最適化問題」の解法のアイデアそのものである、ということです。ここで調べた最適化の方法は後のニューラルネットワークの計算にそのまま利用されます。

コスト関数

最適化と呼ばれる数学分野では、誤差の総和 C_T を「誤差関数」、「損失関数」、「コスト関数」などと呼びます。本書ではこの最後の**コスト関数**（cost function）という言葉を採用します。

(注) 本書で誤差関数（error function）」、損失関数（lost function）を利用しないのは、これらの頭文字がニューラルネットワークで利用されるエントロピー（entropy）、層（layer）の頭文字と混同されるからです。

ちなみに、最適化のコスト関数には、ここで調べた2乗誤差の総和 C_T だけではありません。考え方によって、様々なコスト関数の形があります。この2乗誤差の総和 C_T を用いて最適化する方法を**最小2乗法**と呼びます。本書では、コス

ト関数としてこの2乗誤差の総和 C_T だけを考えます。

> **問** 3人の数学と理科の成績が右の表のように与えられています。この資料から、理科 y を目的変数、数学 x を説明変数とする線形の回帰方程式を求めましょう。
>
> | 番号 | 数学 x | 理科 y |
> |---|---|---|
> | 1 | 7 | 8 |
> | 2 | 5 | 4 |
> | 3 | 9 | 8 |
>
> **解** 3章 §4 で解説します。

モデルのパラメータの個数

再度、先の **例題** を見てみましょう。モデルを規定するパラメータの個数は p、q の2個です。そして、与えられた条件 (データの大きさ) は7個でした。モデルのパラメータの個数 (いまは p、q の2個) が条件の個数 (いまはデータの大きさ7個) より小さいのです。逆に言えば、たくさんの条件を突きつけられ、妥協の産物として得られたのが回帰方程式なのです。その妥協とは、理想的には0となるべきコスト関数 (6) の値を最小にすることだけにとどめていることです。したがって、モデルとデータとの誤差 C_T が0にならなくても心配する必要はありません。しかし、0に近いほど、データにフィットしたモデルといえます。

ちなみに、モデルのパラメータの個数がデータの大きさより大きいときはどうなるでしょう。当然ですが、このときパラメータは確定しません。したがって、モデルを確定するには、パラメータの個数よりも大きなデータを用意しなければなりません。

> **Memo** **メモ** 定数と変数
>
> 回帰方程式 (1) では、x、y を順に説明変数、目的変数と呼び、p、q は定数といいました。ところで、コスト関数 (6) においては p、q は変数として扱っています。そうであるからこそ、式 (6) の微分が考えられるわけです。
>
> このように、どの立場から見ているかによって、定数、変数は変幻自在です。データから見ると回帰方程式の x、y は変数であり、コスト関数からみると p、q が変数なのです。

3章

ニューラルネットワークの最適化

1章では、ニューラルネットワークとはどんなものかについて調べました。また、その設計の考え方についても調べました。本章では、そこで作成したニューラルネットワークを数学的にどのように決定するかを調べます。

3章 ニューラルネットワークの最適化

ニューラルネットワークの
パラメータと変数

　1章ではニューラルネットワークのアイデアと動作の仕組みを調べました。ところで、そこで調べた「重み」や「バイアス」を実際に数学的に決定するには、アイデアを具体的な式で表現しなければなりません。本節では、そのための準備として、「重み」や「バイアス」の変数名の付け方を確認します。

パラメータと変数

　数学的に見れば、ニューラルネットワークはデータ分析のための一つのモデルです。このモデルは「重み」と「バイアス」で定められます（→1章§4）。この「重み」や「バイアス」のように、数学モデルを定める定数をモデルの**パラメータ**といいます。

　データ分析のモデルには、パラメータ以外に、データによって値を変える「変数」が必要です。困ったことに、パラメータも変数も、その記述にはローマ字やギリシャ文字が利用され、混乱が生じます。しかし、データを入れる「変数」と、モデルを定める「パラメータ」をしっかり区別することは、理論の理解には不可欠です。次の例で確認しましょう。

例1　線形の単回帰分析モデルでは、切片と回帰係数がモデルのパラメータ、説明変数と目的変数がデータを入れる変数となります（→2章§12）。

回帰方程式の定数p, qはパラメータ。データ値を入れるx, yは変数。

例2 ニューラルネットワークにおいて、入力 x_1、x_2、x_3 があるとき、ユニットはそれらを次のように「重み付き入力」z にまとめ、活性化関数 $a(z)$ で処理します（→1章 §3）。

$z_1 = w_1 x_1 + w_2 x_2 + w_3 x_3 + b$ 　（w_1、w_2、w_3 は重み、b はバイアス）
$a_1 = a(z_1)$

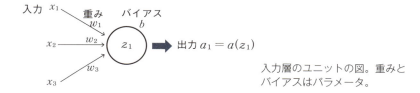

入力層のユニットの図。重みとバイアスはパラメータ。

このとき、重み w_1、w_2、w_3 とバイアス b はパラメータであり、入力 x_1、x_2、x_3、重み付きの入力 z_1、ユニットの出力 a_1 は学習データの学習例によって値を変える変数です。

ニューラルネットワークで用いられるパラメータや変数の数は膨大

ニューラルネットワークの計算を実際に行おうとすると、パラメータや変数の多さに困惑します。ネットワークを構成するユニット数は莫大で、それに伴ってバイアス、重み、入力や出力を表す変数の数は膨大な数になります。そこで、パラメータや変数の表現には統一的な規格が必要になります。本節で、その統一を図ります。

(注) これまでの表記では、統一性を考えていません。

ニューラルネットワークの分野は黎明期であり、標準とされる表記法が確立されてはいません。以下では、多くの文献に採用されている多数決的な表記法を解説し、それを用いることにします。

ニューラルネットワークで用いられる変数名・パラメータ名

本書は階層型ニューラルネットワークを考えます（→1章§4）。このネットワークは層で区分けされたユニットによって信号が処理され、出力層から結果が得られるネットワークです。

では、このネットワークの変数やパラメータの表記法について確認しましょう。

最初に、層（layer）に番号を付けます。次の図に示すように、左端の入力層を層1、隠れ層（中間層）を層2、層3、…、とし、右端の出力層を層Lと番号付けします（L（last）は層の総数）。

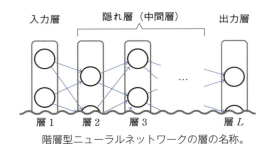

階層型ニューラルネットワークの層の名称。

以上の準備の下で、次の表のように変数やパラメータを表記することにします。

記号名	意味
x_i	入力層（層1）にあるi番目のユニットの入力を表す変数。入力層では、出力と入力は同一値なので、出力の変数にもなる。また、該当するユニットの名称としても利用。
w_{ji}^l	層$l-1$のi番目のユニットから層lのj番目のユニットに向けられた矢の重み。iとjの順序に注意。ニューラルネットワークを定めるパラメータである。
z_j^l	層lのj番目にあるユニットが処理する重み付き入力を表す変数。
b_j^l	層lのj番目にあるユニットのバイアス。ニューラルネットワークを定めるパラメータである。
a_j^l	層lのj番目にあるユニットの出力変数。また、そのユニットの名称としても利用。

§1 ニューラルネットワークのパラメータと変数

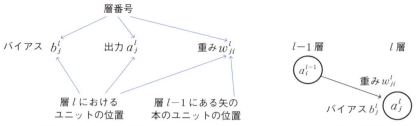

重み付き入力 z_j^l に対するユニットの出力は
$a_j^l = a(z_j^l)$ ($a(z)$ は活性化関数)。

ユニット名は出力変数名と共用。

以下では、1章で調べた次の 例題 を用いてこの表の意味を確認します。

例題 4×3画素からなる画像で読み取られた手書きの数字0、1を識別する
ニューラルネットワークを作成しましょう。ただし、画素はモノクロ2階調
とします。

(注) 1章 §4で調べた 例題 です。下図はその解答例です。

解

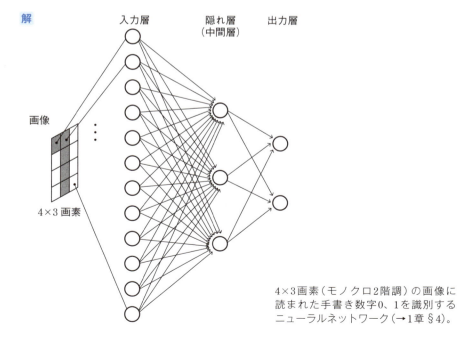

4×3画素（モノクロ2階調）の画像に
読まれた手書き数字0、1を識別する
ニューラルネットワーク（→1章 §4）。

入力層に関する変数名

入力層はニューラルネットワークに与えるデータの入り口です。入力層の入力を表す変数名を順に x_1、x_2、…とすると、それらは出力の変数名にもなります。入力層では、ユニットへの入力とその出力は同一だからです。本書では、ユニットの名称にも入力変数名 x_1、x_2、…を利用します。

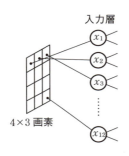

入力層のユニットの入力変数名を順に x_1、x_2、…、x_{12} とすると、それは出力の変数名にもなる。この 例題 では、画素の値が入る変数を表す。

隠れ層・出力層に関するパラメータ名と変数名

ニューラルネットワークの一部を取り出し、先の表に示した変数名の規約をいくつか解説してみましょう。

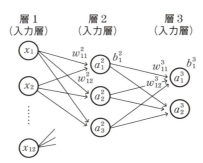

入力層、隠れ層と出力層の略図。先の表の規約に従って、記号を図示。なお、○の中のユニット名は出力変数名を利用。

記号例	記号例の意味
b_1^2	層2（隠れ層）の1番目のユニットのバイアス。
b_1^3	層3（出力層）の1番目のユニットのバイアス。
w_{12}^2	層1の2番目のユニットから層2の1番目のユニットに向けられた矢の重み。すなわち、層2（隠れ層）の1番目のユニットが層1（入力層）の2番目のユニット出力x_2に与える重み。
w_{12}^3	層2の2番目のユニットから層3の1番目のユニットに向けられた矢の重み。すなわち、層3（出力層）の1番目のユニットが層2（隠れ層）の2番目のユニット出力a_2^2に与える重み。

例3 右の図は先に示したニューラルネットワークの一部です。x_3は入力層（層1）の3番目のユニットの入力と出力。そのユニットから隠れ層（層2）の2番目のユニットに向けた矢の重みがw_{23}^2。また、その隠れ層の2番目のユニットの出力がa_2^2、バイアスがb_2^2。

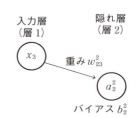

問 右の図は先に示したニューラルネットワークの一部です。ここに記したa_3^2、w_{23}^3、a_2^3、b_2^3の意味を述べましょう。

解 a_3^2は隠れ層（層2）の3番目のユニットの出力。そのユニットから出力層（層3）の2番目のユニットに向けた矢の重みがw_{23}^3。また、その出力層の2番目のユニットの出力がa_2^3、バイアスがb_2^3。

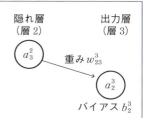

変数の値の表示法

先の変数名の解説の表において、そこに記載されているx_j、z_j^l、a_j^lは学習データの学習例によって値を変える変数です。**例題**でいうなら、学習データの一つの画像が具体的に与えられると、x_j、z_j^l、a_j^lは変数ではなく値になります。

例4 **例題**において、次の画像が学習例として与えられたとします。この画像がニューラルネットワークに入力されたとき、隠れ層（層2）の1番目のユニット

の重み付き入力 z_1^2 の値を求めましょう。

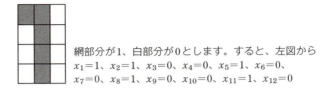

網部分が1、白部分が0とします。すると、左図から
$x_1=1$、$x_2=1$、$x_3=0$、$x_4=0$、$x_5=1$、$x_6=0$、
$x_7=0$、$x_8=1$、$x_9=0$、$x_{10}=0$、$x_{11}=1$、$x_{12}=0$

重み付き入力 z_1^2 は、先の一般的な変数表記の約束に従うと、次のように表現されます。

$$z_1^2 = w_{11}^2 x_1 + w_{12}^2 x_2 + w_{13}^2 x_3 + \cdots + w_{1\,12}^2 x_{12} + b_1^2 \quad \cdots (1)$$

画像が読まれると、入力層の x_1、x_2、…、x_{12} の値が確定するので、この重み付き入力 z_1^2 の値は次のように確定します。

$$\begin{aligned} z_1^2\text{の値} &= w_{11}^2 \times 1 + w_{12}^2 \times 1 + w_{13}^2 \times 0 + \cdots + w_{1\,12}^2 \times 0 + b_1^2 \\ &= w_{11}^2 + w_{12}^2 + w_{15}^2 + w_{18}^2 + w_{1\,11}^2 + b_1^2 \quad \cdots (2) \end{aligned}$$

こうして重み付き入力 z_1^2 の具体的な値が(2)式で与えられることになります。これが **例4** の解答です。

(注) 重み (w_{11}^2、…) とバイアス b_1^2 はパラメータであり、定数です。変数と定数の関係が不明の際には、2章§12の回帰分析を参照してください (→節末≪メモ≫参照)。

この **例4** からわかるように、変数 x_j、z_j^l、a_j^l の記号と、その値の記号を区別する必要があります。この区別は、後にコスト関数を求める際に重要になります。そこで、学習データの k 番目の学習例が与えられたとき、各変数の変数値を次のように表記することにします。

$x_i[k]$ … 入力層 i 番目のユニットの入力値（=出力値）
$z_j^l[k]$ … 層 l の j 番目のユニットの重み付き入力の値 $\cdots (3)$
$a_j^l[k]$ … 層 l の j 番目のユニットの出力値

(注) この記法はCなどの多くのプログラミング言語の配列変数の表記に準拠しています。

例5 例4 において、その入力画像は学習データの7番目の画像とします。このとき、入力層の変数の値、及び重み付き入力 z_1^2 の値を規約(3)に従って書き表してみましょう。

$x_1[7]=1$、$x_2[7]=1$、$x_3[7]=0$、$x_4[7]=0$、$x_5[7]=1$、$x_6[7]=0$
$x_7[7]=0$、$x_8[7]=1$、$x_9[7]=0$、$x_{10}[7]=0$、$x_{11}[7]=1$、$x_{12}[7]=0$
$z_1^2[7] = w_{11}^2 + w_{12}^2 + w_{15}^2 + w_{18}^2 + w_{1\,11}^2 + b_1^2$

以上が 例5 の答になります。次の図は、これらの関係を示しています。

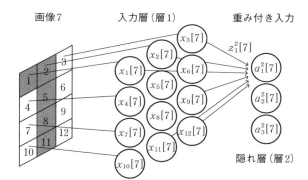

7番目の画像がニューラルネットワークに入力されたときの変数値の表記。

例6 例題 において、画像例として学習データの1番目の画像が入力されたとき、出力層(層3)のj番目のユニットの重み付き入力の値は $z_j^3[1]$、そのユニットの出力の値は $a_j^3[1]$、と表せます。

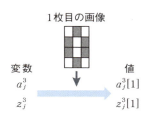

1番目の画像が入力されたときの出力層の値の記法。

本書で利用するユニット記号と変数名

これまでの図からわかるように、パラメータや変数を1つのユニットの周辺に書き込むと、図が大変見にくくなります。そこで、状況に応じて、本書ではパラメータと変数を付した下記のユニット表記を用います。

重み (w_{ji}^l) と重み付き入力 (z_j^l)、バイアス (b_j^l)、そして出力値 (a_j^l) をコンパクトにまとめたのが右側の図。

変数とパラメータをまとめたこの図を利用すると、2つのユニットの関係も次のように簡潔に表示できます。

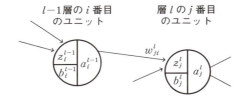

変数とパラメータをコンパクトにまとめた図を利用して、2つのユニットの関係を表した図。

> **メモ** 回帰分析における変数と変数値の関係
>
> 2章§12の回帰分析では、回帰方程式を次のように表現しました。
>
> $y = px + q$ （p、q は定数）… (4)
>
> ここで、p は回帰係数、q は切片です。また、x は説明変数、y は目的変数で、データを入れるための変数です。
>
> さて、2章§12の回帰分析では、これら変数 x、y の変数値を右の表のように x_k、y_k と表記しました。k はデータの k 番目の要素を表しています。例えば、1番目の要素に対しては x_1、y_1 と表しました。
>
> ニューラルネットワークにおいて、k 番目の変数値をこの回帰分析のように添え字の形で表現できないのは、添え字が林立するからです。実際、入力や重み付きの変数 x_j、z_j^l、出力変数 a_j^l に「k 番目の画像」という情報を添え字の形で付加すると、大変見にくくなります。
>
> | 個体名 | x | y |
> | --- | --- | --- |
> | 1 | x_1 | y_1 |
> | … | … | … |
> | k | x_k | y_k |
> | … | … | … |
> | n | x_n | y_n |

2 ニューラルネットワークの変数の関係式

ニューラルネットワークを定めるには、「重み」と「バイアス」を数学的に決定しなければなりません。それには、ユニットの変数の関係を具体的な式で表現する必要があります。前の節（§1）で確認した約束を用いて、実際にユニットの変数の関係を式で表現してみましょう。

前節同様、1章で調べた次の 例題 を用いて話を進めることにします。

> 例題　4×3画素からなる画像で読み取られた手書きの数字0、1を識別するニューラルネットワークを作成しましょう。ただし、画素はモノクロ2階調とします。

(注) 変数やパラメータの名称は§1の命名に従います。

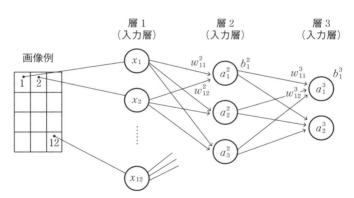

例題 の解答例となるニューラルネットワークの略図。なお、ここではユニット名は出力変数名を利用。

入力層の関係式

入力層（層1）はニューラルネットワークの情報の入り口です。そこで、この層のi番目のユニットの入力と出力は同一値x_iとなります（$i=1, 2, \cdots, 12$）。

さて、変数名 a_j^l の規約（→§1）を入力層まで拡張して利用してみましょう。a_j^l は「層 l の j 番目にあるユニットの出力変数」と定義されますが、入力層は層1（すなわち $l=1$）なので、先の x_i は次のように表せます。

$$x_i = a_j^1$$

この記法は後に誤差逆伝播法で利用されます。

隠れ層の関係式

例題において、隠れ層（層2）に関する変数、パラメータの間の関係を書き下してみましょう。$a(z)$ を活性化関数とすると、1章§4から、次のように式として表せます。

$$\left.\begin{array}{l} z_1^2 = w_{11}^2 x_1 + w_{12}^2 x_2 + w_{13}^2 x_3 + \cdots + w_{1\,12}^2 x_{12} + b_1^2 \\ z_2^2 = w_{21}^2 x_1 + w_{22}^2 x_2 + w_{23}^2 x_3 + \cdots + w_{2\,12}^2 x_{12} + b_2^2 \\ z_3^2 = w_{31}^2 x_1 + w_{32}^2 x_2 + w_{33}^2 x_3 + \cdots + w_{3\,12}^2 x_{12} + b_3^2 \\ a_1^2 = a(z_1^2),\ a_2^2 = a(z_2^2),\ a_3^2 = a(z_3^2) \end{array}\right\} \cdots (1)$$

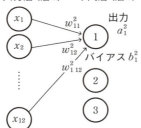

隠れ層（層2）の1番目のユニットについて、その重み付き入力 z_1^2 と出力 a_1^2 を書き下すための図。

出力層の関係式

例題において、出力層（層3）に関する変数、パラメータの間の関係を書き下してみましょう。(1) と同様にして、

$$\left.\begin{array}{l}z_1^3 = w_{11}^3 a_1^2 + w_{12}^3 a_2^2 + w_{13}^3 a_3^2 + b_1^3 \\ z_2^3 = w_{21}^3 a_1^2 + w_{22}^3 a_2^2 + w_{23}^3 a_3^2 + b_2^3 \\ a_1^3 = a(z_1^3),\ a_2^3 = a(z_2^3)\end{array}\right\} \cdots (2)$$

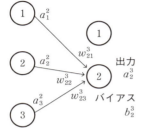

出力層(層3)の2番目のユニットについて、その重み付き入力 z_2^3 と出力 a_2^3 を書き下すための図。

以上の式(1)、(2)でわかるように、式を読み解くには、常にネットワークを思い浮かべることが大切です。そうでないと、関係式はアリの行列のように見え、その意図するところが見えません。

> **メモ** ニューラルネットワークの変数の行列表現
>
> 式(1)(2)のような形は行列(→2章§5)で表現すると、全体が見やすくなります。実際に式(1)(2)を行列で表現してみましょう。
>
> $$\begin{pmatrix} z_1^2 \\ z_2^2 \\ z_3^2 \end{pmatrix} = \begin{pmatrix} w_{11}^2 & w_{12}^2 & w_{13}^2 & \cdots & w_{112}^2 \\ w_{21}^2 & w_{22}^2 & w_{23}^2 & \cdots & w_{212}^2 \\ w_{31}^2 & w_{32}^2 & w_{33}^2 & \cdots & w_{312}^2 \end{pmatrix} \begin{pmatrix} x_1 \\ x_2 \\ x_3 \\ \cdots \\ x_{12} \end{pmatrix} + \begin{pmatrix} b_1^2 \\ b_2^2 \\ b_3^2 \end{pmatrix}$$
>
> $$\begin{pmatrix} z_1^3 \\ z_2^3 \end{pmatrix} = \begin{pmatrix} w_{11}^3 & w_{12}^3 & w_{13}^3 \\ w_{21}^3 & w_{22}^3 & w_{23}^3 \end{pmatrix} \begin{pmatrix} a_1^2 \\ a_2^2 \\ a_3^2 \end{pmatrix} + \begin{pmatrix} b_1^3 \\ b_2^3 \end{pmatrix}$$
>
> コンピュータのプログラミング言語には、行列計算ツールが必ず用意されています。このように行列の形に変形しておくことはプログラミングに役立つでしょう。更に、式を行列で表現すると「一般化が容易になる」というメリットが生まれます。式の関係全体が見やすくなるからです。

| 3章 | ニューラルネットワークの最適化

3 学習データと正解

ニューラルネットワークの「学習」に際し、ネットワークの算出した予測値の妥当性を見積もるために、正解との照合が必要になります。その際に必要な正解の表現について調べます。

回帰分析の学習データと正解

事前に与えられたデータ(**学習データ**)を利用して重みとバイアスを決定することを、ニューラルネットワークでは**学習**と呼びます(→1章§7)。その学習の論理は簡単で、ネットワークが算出した「予測値」と学習データの「正解」との誤差が全体として最小になるように決定します。

ところで、初めて聞くときには、「予測値」、「正解」と言われても、その関係はいま一つピンと来ないものです。それを理解するには回帰分析が最適です。2章§12に掲載した、次の 例題1 で考えましょう。

例題1 3人の生徒の数学と理科の成績が右の表のように与えられています。数学を説明変数として、この資料を分析する線形の回帰方程式を求めましょう。

番号	数学 x	理科 y
1	7	8
2	5	4
3	9	8

(**注**) この問の解は次節で詳しく調べます。なお、回帰分析については2章§12を参照してください。

解 回帰分析の「学習データ」はこの 例題1 に与えられた表全体です。そして、数学と理科の成績を順に x、y とすると、線形の回帰方程式は次の形をしています。

$$y = px + q \quad (p、q は定数) \quad \cdots (1)$$

例として1番の生徒について考えましょう。この生徒の数学の成績は7点です

が、理科の成績は(1)を利用して次のように予測されます。

$7p+q$

これが1番の生徒の予測値です。この予測値に対して、1番の生徒の実際の理科の成績は8点です。この8点が予測値に対する「正解」です。

一般的に、k番の生徒の数学と理科の成績を順にx_k、y_k ($k=1$、2、3)とすると、「px_k+q」が予測値、「y_k」が正解となります。

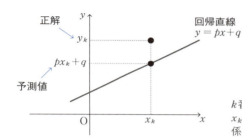

k番の生徒の数学、理科の成績を順にx_k、y_kとしたとき、予測値と正解の関係を示す。

ニューラルネットワークの学習データと正解

回帰分析では資料全体が表にまとめられるので、上記のように予測値と正解は分かりやすい関係にあります。それに対して、ニューラルネットワークの場合、予測値と正解を一覧表にまとめられないのが普通です。

例えば、これまで調べてきた次の 例題2 で考えてみましょう。

> 例題2 4×3画素からなる画像で読み取られた手書きの数字0、1を識別するニューラルネットワークを作成しましょう。ただし、画素はモノクロ2階調とします。

解 ここで、次の3つの画像が学習例として与えられたとします。我われには順に0、1、0と判断できますが、作成したばかりのニューラルネットワークには、判断は不可能です。

3章 ニューラルネットワークの最適化

画像パターン　　　　　　　　　　　　　　作成したばかりのニューラルネットワークには意味不明。

そこで、与えた画像の意味をニューラルネットワークに教える必要があります。それが「正解」です。

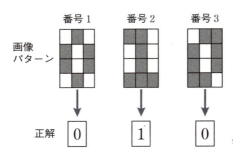

学習データの画像と正解の例。

ところで、この正解をどのようにニューラルネットワークに教えるかが問題になります。先の回帰分析の例のように、単純ではありません。少し工夫が必要になります。

正解の表現

ニューラルネットワークの予測値は、出力層にあるユニットの出力変数で表されます。例題2 のニューラルネットワークについていえば、その出力層のユニットは下図のようなものでした（→ §1、2）。

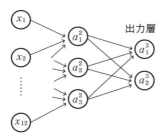

例題2 のニューラルネットワークの略図。出力層1番目のユニットは0を、2番目のユニットは1を検出することを目的としている。なお、ユニット名は出力変数名を利用。

③ 学習データと正解

出力層1番目のユニット a_1^3 は手書き数字の「0」に、2番目のユニット a_2^3 は手書き数字の「1」に強く反応することが期待されています（→1章§4）。活性化関数にシグモイド関数を利用しているとき、次の表の値をとることが予測される変数です。

	予測される値	
	画像が「0」のとき	画像が「1」
a_1^3	1に近い値	0に近い値
a_2^3	0に近い値	1に近い値

さて、この表が示すように、出力変数は a_1^3、a_2^3 の2つです。それに対して、例題2 の正解は「0」か「1」の一つです。どのように一つのものを2つの変数に合わせればよいでしょうか。

この問題には、「出力層の2つのユニットに対して正解となる2つの変数 t_1、t_2 を用意する」ということで解決します。

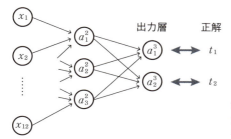

tはteacherの頭文字。学習データは教師データともいわれるので、このような変数名がよく用いられる。

変数 t_1、t_2 は、先の出力層のユニットの出力変数 a_1^3、a_2^3 に合わせて、次の表のように定義します。

	意味	画像が「0」	画像が「1」
t_1	「0」の正解変数	1	0
t_2	「1」の正解変数	0	1

下図では、2つの画像例について各変数値を示しています。

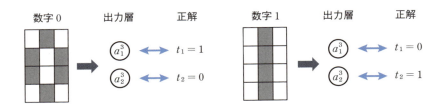

　以上が、ニューラルネットワークへの正解の与え方です。このように正解の変数を定義すると、ニューラルネットワークの算出した予測値と正解との2乗誤差（→2章§12）が次のように表現できます。

$$\frac{1}{2}\{(t_1-a_1^3)^2+(t_2-a_2^3)^2\} \cdots (2)$$

（係数 $\frac{1}{2}$ は後の計算の便宜のためです。）

> **Memo　メモ　クロスエントロピー**
>
> 　本書では実データと理論の誤差の指標として上記(2)の2乗誤差を利用しました。わかりやすい指標なのですが、難があります。計算の収束に時間がかかる場合があるのです。その欠点を克服する誤差の指標として様々なものが提案されていますが、その中で特に有名なものの一つが**クロスエントロピー**です。**交差エントロピー**ともいわれます。
> 　クロスエントロピーは、上記の誤差関数(2)を次の式で置き換えます。
>
> $$-\frac{1}{n}[\{t_1\log a_1+(1-t_1)\log(1-a_1)\}+\{t_2\log a_2+(1-t_2)\log(1-a_2)\}]$$
>
> ここで、n はデータの大きさです。これとシグモイド関数とを利用することで、シグモイド関数の冗長性が解消され、勾配降下法による計算が高速化されます。
> 　ちなみに、このクロスエントロピーの式は情報理論で用いられるエントロピーのアイデアから生まれています。

4 ニューラルネットワークのコスト関数

ニューラルネットワークに学習データを与え、重みやバイアスをそれに適合するように決定することを「学習」と呼びます。数学一般ではそれを「最適化」と呼びますが、その最適化の目標になる「コスト関数」を求めることにします。

モデルの精度を表現するコスト関数

データ分析のための数学モデルはパラメータで定められます。ニューラルネットワークでは重みとバイアスがそのパラメータの役割を担います。このパラメータを現実のデータ（ニューラルネットワークでは学習データ）に適合させることで、モデルが確定します。この適合の操作を数学では**最適化**と呼びますが（→2章§12）、ニューラルネットワークの世界では「学習」と呼ぶことは既に調べました（→1章§7）。

ところで、どのようにパラメータを決定するのでしょうか。その原理は至って簡単、常識的です。数学的モデルから得られた理論値（本書では予測値と呼びます）と実際の値との誤差がデータ全体として最小になるように決定するのです。

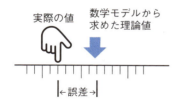

実際の値と予測値（すなわち理論値）との誤差がデータ全体として最小になるように数学モデルのパラメータは決定される。

数学では、モデルのパラメータを用いて表された誤差全体の関数を、**コスト関数**と呼びます。また**損失関数**、**目的関数**、**誤差関数**などとも呼ばれます。前にも示したように（→2章§12）、本書は「コスト関数」という言葉を採用します。

回帰分析のおさらい

　最適化の意味とコスト関数について理解するには、2章§12で調べた回帰分析が最適です。ここでは簡単な次の例でおさらいしましょう。

> **例題1** 3人の生徒の数学と理科の成績が右の表のように与えられています。この資料から、数学を説明変数とする線形の回帰方程式を求めましょう。
>
> | 番号 | 数学x | 理科y |
> |---|---|---|
> | 1 | 7 | 8 |
> | 2 | 5 | 4 |
> | 3 | 9 | 8 |

(注) この **例題1** は2章§12の **問** として採用したものです。また、前節（§3）でも言及しました。

解　数学と理科の成績を順にx、yとします。線形の回帰方程式は次の形をしています。

$$y = px + q \quad (p、qは定数)$$

k番目の生徒の数学と理科の成績を順にx_k、y_kとします。すると、その生徒の理科の実際の成績y_kと、回帰分析から得られる理科の成績の予測値px_k+qとの誤差e_kは次のように表せます（$k=1$、2、3）。

$$e_k = y_k - (px_k + q) \quad (p、qは定数) \quad \cdots (1)$$

以上の関係は具体的に次の表で表せます。

番号	数学x	理科y	予測値	誤差e
1	7	8	$7p+q$	$8-(7p+q)$
2	5	4	$5p+q$	$4-(5p+q)$
3	9	8	$9p+q$	$8-(9p+q)$

　式(1)から、k番目の生徒の実際の成績と予測値との2乗誤差C_kは次のように求められます。

$$C_k = \frac{1}{2}(e_k)^2 = \frac{1}{2}\{y_k-(px_k+q)\}^2 \quad (k=1、2、3) \quad \cdots (2)$$

(注) 係数 1/2 は微分計算を簡潔にするためです。この係数の違いで結論が変わることはありません。

ところで、資料全体の誤差をどう定義するかは様々な考え方があります。最も標準的で簡単なものが2乗誤差の総和です。これは (2) を利用して、次のように記述できます。これが本書のコスト関数 C_T です (→2章 §11)。

$$\begin{aligned} C_T &= C_1 + C_2 + C_3 \\ &= \frac{1}{2}\{8-(7p+q)\}^2 + \frac{1}{2}\{4-(5p+q)\}^2 + \frac{1}{2}\{8-(9p+q)\}^2 \quad \cdots (3) \end{aligned}$$

この C_T を最小にする p、q は、次の式を満たします (→2章 §12)。

$$\left. \begin{aligned} \frac{\partial C_T}{\partial p} &= -7\{8-(7p+q)\}-5\{4-(5p+q)\}-9\{8-(9p+q)\} = 0 \\ \frac{\partial C_T}{\partial q} &= -\{8-(7p+q)\}-\{4-(5p+q)\}-\{8-(9p+q)\} = 0 \end{aligned} \right\} \cdots (4)$$

整理して、

$155p + 21q = 148$、$21p + 3q = 20$

この連立方程式を解くと、$p=1$、$q=-1/3$ より、回帰方程式は

$$y = x - \frac{1}{3} \quad \text{答}$$

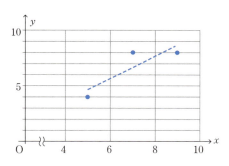

回帰方程式が表す回帰直線。

Memo メモ コスト関数による違い

コスト関数にはいろいろな関数が考えられています。前にも調べたように(→§3)、ニューラルネットワークの世界で有名なものに「クロスエントロピー」があります。どのようなコスト関数を取り上げるにしろ、学習のし方の考え方は本例題と同一です。

最適化の基本はコスト関数の最小化

例題1の回帰分析において、数学モデルを定めるパラメータは回帰係数pと切片qです。それらはコスト関数(3)を最小化するように決定されました。これが「最適化」と呼ばれる操作です。

対して、ニューラルネットワークの数学モデルを定めるパラメータは「重み」と「バイアス」です。大切なことは、それらは回帰分析と数学的に同じように決定される、ということです。ニューラルネットワークから得られるコスト関数C_Tが最小になるように、重みやバイアスが決定されるのです。

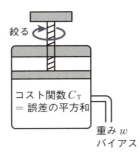

最適化の考え方：重みとバイアスの決定原理は回帰分析と同一。誤差の総和を表すコスト関数C_Tを最小にするのが最良のパラメータ、という考え方が「最適化」。

本節の例題1の回帰方程式と、§2の例題に示したニューラルネットワーク(略図)の対比を図に示しておきましょう。

4 ニューラルネットワークのコスト関数

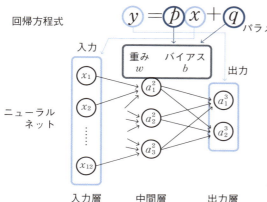

回帰分析でも、ニューラルネットワークでも、モデルの定め方は同一。回帰方程式の「回帰係数」、「切片」に相当するのがニューラルネットワークの「重み」と「バイアス」。

ニューラルネットワークのコスト関数

次になすべきことは、ニューラルネットワークのコスト関数を具体的に式として求めることです。話を具体化するために、これまで取り上げてきた次の 例題2 を考えます。

例題2 4×3画素からなる画像で読み取られた手書きの数字0、1を識別するニューラルネットワーク(次図)において、そのコスト関数C_Tを求めましょう。学習データは64枚の画像とし、画素はモノクロ2階調とします。なお、学習データの例は付録Aに掲載しました。

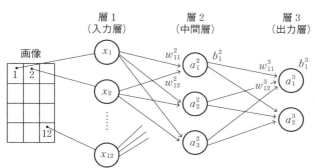

例題2 の解答例となるニューラルネットワークの略図(→§1、2)。なお、ここではユニット名として、出力変数名を利用。

解 ニューラルネットワークから算出される予測値は、出力層にあるユニットの出力変数 a_1^3, a_2^3 で表されます。この出力変数に対する正解を t_1, t_2 としましょう。すると、予測値と正解との2乗誤差 C は次のように表せます（→§3）。

$$C = \frac{1}{2}\{(t_1 - a_1^3)^2 + (t_2 - a_2^3)^2\} \quad \cdots (5)$$

k 番目の画像が学習例として入力されたとき、この2乗誤差 C の値を C_k とおくと、これは次のように表せます。

$$C_k = \frac{1}{2}\{(t_1[k] - a_1^3[k])^2 + (t_2[k] - a_2^3[k])^2\} \quad (k = 1, 2, \cdots, 64) \cdots (6)$$

なお、「64」は上記 **例題2** の題意にある画像枚数です。また、$t_1[k]$、$t_2[k]$、$a_1^3[k]$、$a_2^3[k]$ の記法については、§1を参照してください。

(注) 式(5)、(6)の係数1/2は文献によって異なりますが最適化の結果は同一になります。

式(6)は回帰分析で考えた式(2)に相当します。出力ユニットが2つあるので、各々についての2乗誤差の和になっています。

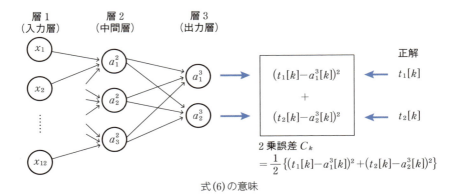

式(6)の意味

学習データ全体について式(6)を加え合わせたものがコスト関数になります。したがって、コスト関数 C_T は次のように求められます。

$$C_T = C_1 + C_2 + \cdots + C_{64} \quad \cdots (7) \quad \text{答}$$

ちなみに、式(7)を重みとバイアスの具体的な式で表現するのは無理です。

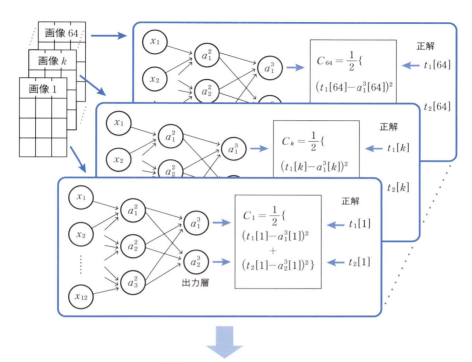

コスト関数　$C_T = C_1 + \cdots + C_k + \cdots + C_{64}$

式(7)の意味：コスト関数の求め方。各データについての2乗誤差の総和がコスト関数。

以上が、コスト関数の求め方のすべてです。残された仕事は、このコスト関数 C_T を最小化するようにパラメータ（重みとバイアス）を決定することです。その決定法については話が長くなるので、次章（4章）に回すことにします。

(注) 例題2 の答えの式(7)は先の回帰分析の 例題1 の式(3)に相当します。

パラメータの個数とデータの大きさ

例題2 のニューラルネットワークについて、そのモデルを定めるパラメータの個数を調べてみましょう。それを表にまとめます。

層	意味	個数	注
隠れ層	重み	12×3	隠れ層のユニット数は3で、各ユニットに入力層12個のユニットから矢が指される。
	バイアス	3	隠れ層のユニット数は3。
出力層	重み	3×2	出力層のユニット数は2で、各ユニットに隠れ層3個のユニットから矢が指される。
	バイアス	2	出力層のユニット数は2。

これから、パラメータの総数が次のように得られます。

パラメータの総数＝$(12×3+3)+(3×2+2)=47$

2章§12で調べたように、データの大きさ（すなわち、データを構成する要素の個数）が数学モデルを規定するパラメータの個数以上でなければ、そのモデルは確定しません。そこで、この 例題2 においては、学習用の画像は最低47枚必要になります。

ニューラルネットワークと回帰分析との違い

回帰分析と決定原理が同じといっても、次の大きな違いがあります。

(i) 回帰分析で利用されるモデルのパラメータに比して、ニューラルネットワークで用いられるパラメータの数は膨大。
(ii) 線形の回帰分析では用いられる関数は1次式だが、ニューラルネットワークで用いられる関数（活性化関数）は1次式ではない。そこで、ニューラルネットワークの場合、コスト関数は複雑になる。

違い(i)は式(3)と式(7)に反映します。回帰分析では式(3)としてコスト関数をパラメータの関数として書き表せました。対してニューラルネットワークの場

合には、式(7)が示すように、パラメータ(重みとバイアス)の式でコスト関数を1つの式として書き表せません。書き出そうと思うと、大変複雑な式となります。

違い(ii)も式(3)と式(7)に反映します。式(3)では簡単な2次式なので、微分法を単純に適用できます。そして、結果として式(4)が容易に得られました。しかし、式(7)に対して単純な微分法を適用すると、その計算は途方もなく面倒です。更に、活性化関数の微分が入るので、得られる結果は美しいものにはなりません。

以上の違いのために、ニューラルネットワークは回帰分析以上に数学の武器が要求されます。その代表が**誤差逆伝播法**です。それについては次章で調べることにします。

Excelでコスト関数を最小化

幸運なことに、いま調べている 例題2 のような単純なニューラルネットワークならば、Excelなどの汎用ソフトウェアを用いて、直接コスト関数(7)を最小化できます。数学上の技法は何も知らなくてもよいのです。次節では、ニューラルネットワークの最適化、すなわちニューラルネットワークの「学習」の意味を理解するために、Excelでコスト関数(7)を最小化し、重みとバイアスを求めてみます。

> **Memo メモ　活性化関数をステップ関数にすると？**
>
> 1章で調べたように、ニューラルネットワークの出発点となる活性化関数はステップ関数です。しかし、それを利用すると、本節で調べたコスト関数の最小化の技法が見つけられません。シグモイド関数など、微分できる関数が活性化関数の主役になるのはこのためです。

5 Excelを用いてニューラルネットワークを体験

　これまでは、同一の例題を用いて具体的にニューラルネットワークを調べてきました。ところで、このニューラルネットワークが実際に存在し機能することを、Excelで確かめましょう。この例題程度の簡単なニューラルネットワークならば、Excelですぐに重みとバイアスが決定できます。Excelは理論の仕組みを見るには大変良いツールです。これまでの議論の流れを確かめてください。

Excelで重みとバイアスを求める

　本格的なニューラルネットワークに対して、その重みとバイアスを決定することはExcelでは不可能です。しかし、単純なニューラルネットワークならば、パラメータの個数が少なく、Excelの標準アドイン「ソルバー」を利用して簡単に最適化の操作が実行できます。そこで、これまで調べてきた論理を確認するために、次の 例題 を利用して実際にニューラルネットワークの重みとバイアスを求め、動作を実験してみましょう。

> 例題　§1〜4で調べた 例題 のニューラルネットワークについて、その重みとバイアスをExcelで決定しましょう。学習データの画像例64枚は付録Aに掲載しました。

　ステップを追いながら話を進めます。

① 学習用の画像データの読み込み

　ニューラルネットワークを学習させるためには、学習データが必要です。そこで、次図のようにワークシートに読み込みます。

　モノクロ2階調の画像なので、画像の網の部分を1に、白の部分を0に変換しています。正解は変数t_1、t_2に代入します。入力画像の手書き数字が「0」のとき

は $(t_1, t_2) = (1, 0)$、「1」のときは $(t_1, t_2) = (0, 1)$ と設定します（→ §3）。

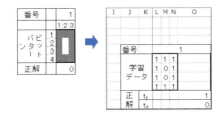

画像データは下図のように全てを計算用のワークシート上に置きます。

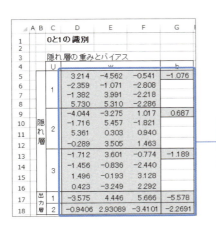

② 重みとバイアスの初期値の設定

重み、バイアスの初期値を設定します。この設定によっては、ソルバーが収束しないときがあります。その際には、初期値を設定し直します。

初期設定には、標準正規分布から得られる正規乱数（→2章§1）を利用

③ 1番目の画像から各ユニットの重み付き入力、出力、2乗誤差を算出

1番目の画像について、各ユニットの重み付き入力zの値、出力値、2乗誤差Cを算出します。

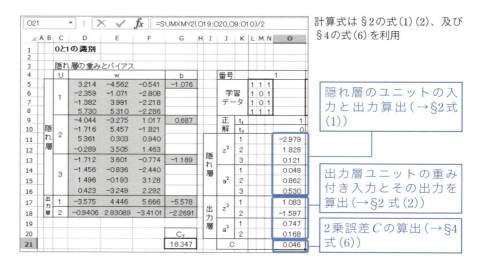

計算式は§2の式(1)(2)、及び§4の式(6)を利用

④ 全データについて③で作成した関数群をコピー

1番目の画像を処理するために埋め込んだ関数群を、最後の画像例(64枚目)までコピーします。コスト関数C_Tの値(→§4式(7))も求めます。

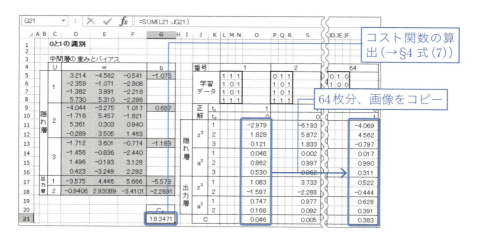

⑤ ソルバーを利用し最適化を実行

Excelの標準アドイン「ソルバー」を利用し、コスト関数C_Tの最小値を算出します。下図のようにセル番地を設定し、ソルバーを実行します。

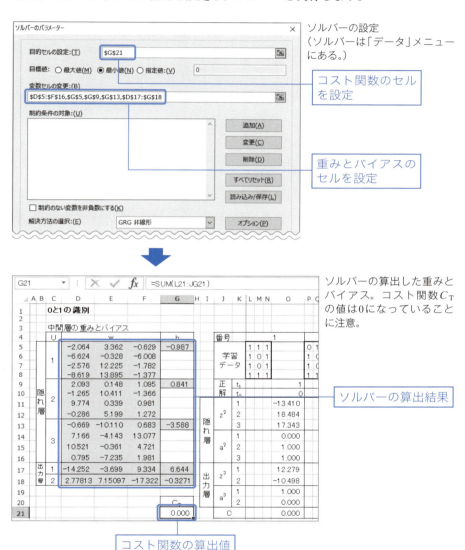

3章 ニューラルネットワークの最適化

ソルバーの「変数セル」の算出値が最適化されたニューラルネットの重みとバイアスになります。また、コスト関数 C_T の値が0なので、このニューラルネットワークは学習データに完璧にフィットしていることがわかります。

テストしよう

⑤で得た重み、バイアスがニューラルネットワークを決定します。それが正しいかどうかを、手書き数字「0」、「1」のどちらかを入力し、思う通りの解を出すか調べましょう。

下図は、右の画素パターンを入力したものです。このニューラルネットは0と判定しています。人の直感と一致しているでしょう。

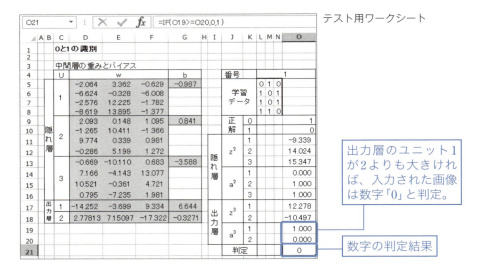

テスト用ワークシート

出力層のユニット1が2よりも大きければ、入力された画像は数字「0」と判定。

数字の判定結果

> **メモ　Excelのソルバーの限界**
>
> Excelのソルバーはちょっとした計算には大変便利です。しかし、ニューラルネットワークの計算には力不足です。決められるパラメータの個数が200余りという制限があるからです。ニューラルネットワークの世界では、何万という重みやバイアスなどが登場しますが、それには対応できません。

4章
ニューラルネットワークと誤差逆伝播法

最も急な勾配を探しながら山を下りると、最小の歩数で麓にたどり着けます。勾配降下法はこの原理をそのまま数学に応用した数値解析の技法です。その勾配の方向を求めるには微分法を利用しますが、ニューラルネットワークの世界ではその微分計算が膨大です。誤差逆伝播法はこの難題を解決します。

1 勾配降下法のおさらい

　ニューラルネットワークのパラメータ（重みとバイアス）は、コスト関数を最小化することで決定されます（→3章§4）。その最小化の方法として最も有名なのが勾配降下法です。勾配降下法については、考え方を2章で調べました。その復習をしながら、新たな技法の必要性を確認します。

問題のおさらい

　関数の最小値を求める汎用的な方法で最も有名なのは「最小値の条件」を利用することです。例えば滑らかな関数 $z = f(x, y)$ の最小値を求めるには、次の方程式を調べればよいでしょう（→2章§7）。

$$\frac{\partial f}{\partial x} = 0、\frac{\partial f}{\partial y} = 0 \quad \cdots (1)$$

　この方法は回帰分析で利用しました（→2章§12）。
　ところで、ニューラルネットワークでは、この(1)の関数 f に相当するのはコスト関数、変数 x、y に相当するのは「重み」と「バイアス」です。何度も繰り返すように、重みとバイアスの総数は膨大です。更に、コスト関数には活性化関数が含まれているので、式(1)のような方程式を解くのは困難です。その困難性をこれまで調べてきた次の 例題 で確かめましょう。

> 例題　4×3画素からなる画像で読み取られた手書きの数字0、1を識別するニューラルネットワークのコスト関数を C_T とします。その最小値を求めるための計算をしてみましょう。学習用画像データは64枚とし、画素はモノクロ2階調とします。

既に調べたように、この **例題** の解となるニューラルネットワークとして、次のものが作成できます。

(注) ユニット名は出力変数名を利用しています。

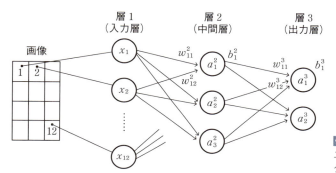

例題 の解答例となるニューラルネットワークの略図。

このニューラルネットワークを記述する関係式を列挙しましょう（→3章§2）。なお、活性化関数は $a(z)$ とします。

＜隠れ層（中間層）＞
$$z_1^2 = w_{11}^2 x_1 + w_{12}^2 x_2 + \cdots + w_{1\,12}^2 x_{12} + b_1^2$$
$$z_2^2 = w_{21}^2 x_1 + w_{22}^2 x_2 + \cdots + w_{2\,12}^2 x_{12} + b_2^2$$
$$z_3^2 = w_{31}^2 x_1 + w_{32}^2 x_2 + \cdots + w_{3\,12}^2 x_{12} + b_3^2$$
$$a_i^2 = a(z_i^2) \quad (i = 1,\ 2,\ 3)$$

＜出力層＞
$$z_1^3 = w_{11}^3 a_1^2 + w_{12}^3 a_2^2 + w_{13}^3 a_3^2 + b_1^3$$
$$z_2^3 = w_{21}^3 a_1^2 + w_{22}^3 a_2^2 + w_{23}^3 a_3^2 + b_2^3$$
$$a_i^3 = a(z_i^3) \quad (i = 1,\ 2)$$

$\cdots (2)$

また、ニューラルネットワークの算出する予測値と学習データの正解との2乗誤差 C は次のように表現されます（→3章§4）。

$$C = \frac{1}{2}\{(t_1 - a_1^3)^2 + (t_2 - a_2^3)^2\} \ \cdots (3)$$

| 4章 | ニューラルネットワークと誤差逆伝播法

コスト関数は複雑

式(2)、(3)に画像例を入れることでコスト関数 C_T が得られます（→3章§4）。これが本章で主役となる関数です。

$$C_T = C_1 + C_2 + \cdots + C_{64} \quad \cdots (4)$$

C_k は2乗誤差の式(3)に k 番目の画像データを入力した値で、次のように算出されます。

$$C_k = \frac{1}{2}\{(t_1[k] - a_1^3[k])^2 + (t_2[k] - a_2^3[k])^2\} \quad \cdots (5)$$

ここで、変数に付けられた $[k]$ は k 番目の画像例から得られる値を表します（$k=1, 2, 3, \cdots, 64$）（→3章§1）。

学習データ

$$C_1 = \frac{1}{2}\{(t_1[1] - a_1^3[1])^2 + (t_2[1] - a_2^3[1])^2\}$$

$$C_k = \frac{1}{2}\{(t_1[k] - a_1^3[k])^2 + (t_2[k] - a_2^3[k])^2\}$$

$$C_{64} = \frac{1}{2}\{(t_1[64] - a_1^3[64])^2 + (t_2[64] - a_2^3[64])^2\}$$

正解: $\begin{bmatrix} t_1[1] = 1 \\ t_2[1] = 0 \end{bmatrix}$、$\begin{bmatrix} t_1[k] = 1 \\ t_2[k] = 0 \end{bmatrix}$、$\begin{bmatrix} t_1[64] = 0 \\ t_2[64] = 1 \end{bmatrix}$

コスト関数 $C_T = C_1 + \cdots + C_k + \cdots + C_{64}$

ニューラルネットワークとコスト関数の関係。

ところで、コスト関数の式(4)は式(5)の結合されたものであり、その式(5)は式(2)(3)から構成されています。コスト関数 C_T は大変複雑な関数の集合体なのです。また、決定すべきパラメータ（重みとバイアス）は、式(2)を見ればわか

るように計47個あります。もし式(1)のように方程式からパラメータを決定しようと思うと、その方程式は次のように47個にもなってしまいます。

$$\left.\begin{array}{l}\dfrac{\partial C_\mathrm{T}}{\partial w_{11}^2}=0、\dfrac{\partial C_\mathrm{T}}{\partial w_{12}^2}=0、\cdots、\dfrac{\partial C_\mathrm{T}}{\partial b_1^2}=0、\cdots \\ \dfrac{\partial C_\mathrm{T}}{\partial w_{11}^3}=0、\dfrac{\partial C_\mathrm{T}}{\partial w_{12}^3}=0、\cdots、\dfrac{\partial C_\mathrm{T}}{\partial b_1^3}=0、\cdots\end{array}\right\} \cdots (6)$$

これらを解くのは至難です。そこで登場するのが「勾配降下法」の活用です。

勾配降下法をニューラルネットワークに適用

関数のグラフを斜面に見立て、その斜面の勾配が最も急な方向に一歩一歩降りていくイメージを数学的に表現した技法が勾配降下法です。それは次のようにまとめられます(→2章§10)。

> なめらかな関数 $f(x_1, x_2, \cdots, x_n)$ において、変数を順に
> 　$x_1+\varDelta x_1,\ x_2+\varDelta x_2,\ \cdots、x_n+\varDelta x_n$
> と微小に変化させたとき、関数 f が最も減少するのは次の関係が成立する場合である。η は正の小さな定数とする。
> $$(\varDelta x_1,\ \varDelta x_2,\ \cdots,\ \varDelta x_n)=-\eta\left(\dfrac{\partial f}{\partial x_1},\ \dfrac{\partial f}{\partial x_2},\ \cdots,\ \dfrac{\partial f}{\partial x_n}\right) \cdots (7)$$

なお、$\left(\dfrac{\partial f}{\partial x_1},\ \dfrac{\partial f}{\partial x_2},\ \cdots,\ \dfrac{\partial f}{\partial x_n}\right)$ を関数 f の**勾配**と呼びます。

この勾配降下法の基本式(7)を、例題 に応用してみましょう。C_T を式(4)で与えられたコスト関数として、この式(7)は次のように表現されます。

$$\begin{array}{l}(\varDelta w_{11}^2,\ \cdots,\ \varDelta w_{11}^3,\ \cdots,\ \varDelta b_1^2,\ \cdots,\ \varDelta b_1^3,\ \cdots) \\ =-\eta\left(\dfrac{\partial C_\mathrm{T}}{\partial w_{11}^2},\ \cdots,\ \dfrac{\partial C_\mathrm{T}}{\partial w_{11}^3},\ \cdots,\ \dfrac{\partial C_\mathrm{T}}{\partial b_1^2},\ \cdots,\ \dfrac{\partial C_\mathrm{T}}{\partial b_1^3}\cdots\right)\end{array} \cdots (8)$$

w_{11}^2、b_1^2などは式 (2) の中の重みとバイアスを表します。ちなみに、正の定数 η は**学習係数**と呼ばれることは、既に調べています。

この関係式 (8) を利用すれば、コンピュータで地道に計算することで、「C_T の最小値を実現する重みとバイアスを探す」という目的を達成できそうです。現在の変数の位置 (w_{11}^2, …, w_{11}^3, …, b_1^2, …, b_1^3, …) に式 (8) の左辺で求めた変位ベクトルを加え、新たな位置

$$(w_{11}^2 + \varDelta w_{11}^2, \cdots, w_{11}^3 + \varDelta w_{11}^3, \cdots, b_1^2 + \varDelta b_1^2, \cdots, b_1^3 + \varDelta b_1^3, \cdots) \cdots (9)$$

で再び式 (8) の計算をするという操作を繰り返せばよいからです (→ 2 章 §10)。連立方程式 (6) を解くことに比べれば大きな進歩です。

実際に計算するのは大変

しかし、話はそう単純ではありません。(2) には 47 個のパラメータ (重みとバイアス) があるので、式 (8) で示された勾配の成分は 47 個もあります。更に、この勾配の成分を計算するのは骨が折れます。実際、式 (8) の右辺の勾配成分の一つを計算してみましょう。

例1 $\dfrac{\partial C_\mathrm{T}}{\partial w_{11}^2}$ を計算しましょう。

k 番目の画像から得られる出力と正解との 2 乗誤差 C_k は式 (5) で与えられますが ($k = 1, 2, 3, \cdots, 64$)、偏微分のチェーンルール (→ 2 章 §8) を利用して、次のように変形されます。

$$\frac{\partial C_k}{\partial w_{11}^2} = \frac{\partial C_k}{\partial a_1^3[k]} \frac{\partial a_1^3[k]}{\partial z_1^3[k]} \frac{\partial z_1^3[k]}{\partial a_1^2[k]} \frac{\partial a_1^2[k]}{\partial z_1^2[k]} \frac{\partial z_1^2[k]}{\partial w_{11}^2}$$
$$+ \frac{\partial C_k}{\partial a_2^3[k]} \frac{\partial a_2^3[k]}{\partial z_2^3[k]} \frac{\partial z_2^3[k]}{\partial a_1^2[k]} \frac{\partial a_1^2[k]}{\partial z_1^2[k]} \frac{\partial z_1^2[k]}{\partial w_{11}^2} \cdots (10)$$

1 勾配降下法のおさらい

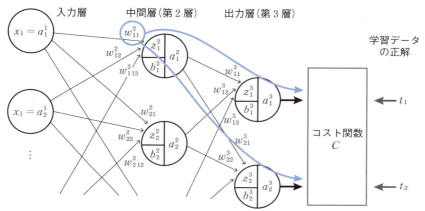

式(10)で偏微分のチェーンルールを利用する際の変数の関係。なお、ユニットは3章§1の表記法を利用して描いている。

これを式(4)に代入して、

$$\frac{\partial C_T}{\partial w_{11}^2} = \frac{\partial C_1}{\partial w_{11}^2} + \frac{\partial C_2}{\partial w_{11}^2} + \cdots + \frac{\partial C_{64}}{\partial w_{11}^2}$$

$$= \left\{ \frac{\partial C_1}{\partial a_1^3[1]} \frac{\partial a_1^3[1]}{\partial z_1^3[1]} \frac{\partial z_1^3[1]}{\partial a_1^2[1]} \frac{\partial a_1^2[1]}{\partial z_1^2[1]} \frac{\partial z_1^2[1]}{\partial w_{11}^2} \right.$$

$$\left. + \frac{\partial C_1}{\partial a_2^3[1]} \frac{\partial a_2^3[1]}{\partial z_2^3[1]} \frac{\partial z_2^3[1]}{\partial a_1^2[1]} \frac{\partial a_1^2[1]}{\partial z_1^2[1]} \frac{\partial z_1^2[1]}{\partial w_{11}^2} \right\} + \cdots$$

$$+ \left\{ \frac{\partial C_{64}}{\partial a_1^3[64]} \frac{\partial a_1^3[64]}{\partial z_1^3[64]} \frac{\partial z_1^3[64]}{\partial a_1^2[64]} \frac{\partial a_1^2[64]}{\partial z_1^2[64]} \frac{\partial z_1^2[64]}{\partial w_{11}^2} \right.$$

$$\left. + \frac{\partial C_{64}}{\partial a_2^3(64)} \frac{\partial a_2^3[64]}{\partial z_2^3[64]} \frac{\partial z_2^3[64]}{\partial a_1^2[64]} \frac{\partial a_1^2[64]}{\partial z_1^2[64]} \frac{\partial z_1^2[64]}{\partial w_{11}^2} \right\} \quad \cdots (11)$$

これらの各微分の項に式(2)を代入し計算すれば、（面倒ですが）偏微分の結果が重みとバイアスの式で表現できます。以上が 例1 の解答です。

この 例1 からわかることは、**勾配成分を具体的な形で求めるのは困難な作業である**ということです。一つ一つの計算は単純ですが、微分の煩雑さと多さに圧倒されます。微分地獄とも呼べる世界に足を踏み入れてしまいます。何らかの工夫が必要です。そこで案出されたのが「誤差逆伝播法」なのです。それについては次節で詳しく調べることにしましょう。

勾配計算は微分してから和をとる

さて、式(10)(11)の計算から、次のことがわかります。

勾配の成分は1個1個の学習例の単純な和である。

すなわちコスト関数C_Tの偏微分は、個々の学習例から得られる偏微分の和になっているのです。これは大変ありがたい性質です。一般的に、式(8)の勾配成分を求めるには、まず式(3)の2乗誤差Cの偏微分を求め、それに画像例を代入して、最後に学習データ全体について和をとればよいことになるからです。論理的には64回の偏微分計算が1回の偏微分計算で済むことになるのです。

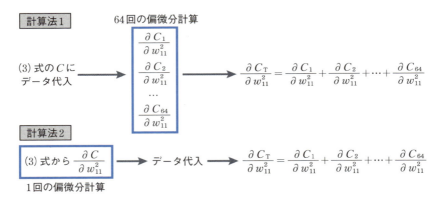

計算法2を推奨。「画像例の単純な和」という性質を用いて偏微分の回数が激減。

以上の理由から、これからの微分計算では画像の番号k($k=1$, 2, 3, $\cdots$, 64)は付けません。そして、実際に勾配成分の値を算出するときにだけ、必要に応じてそれを明示することにします。

> **Memo　誤差逆伝播法の歴史**
>
> 誤差逆伝播法(BP法、バックプロパゲーション法)は1986年、米スタンフォード大学のラメルハートらによって命名されたニューラルネットワークの学習法です。難しそうな命名ですが、中身は次節以降で示すように大変簡単です。

2 ユニットの誤差 δ_j^l

多変数関数の最小値を探す問題には勾配降下法が有効です。しかし、ニューラルネットワークの世界では変数、パラメータと関数が複雑に絡み合い、勾配降下法をそのままでは利用できません。そこで登場したのが**誤差逆伝播法**です。本節では、この技法を用いるための準備として、「ユニットの誤差」と呼ばれる変数を導入します。

記号 δ_j^l の導入

誤差逆伝播法とは煩雑な微分計算を「数列の漸化式」に置き換えるのが特徴です。その漸化式を提供するのが**ユニットの誤差** (errors) と呼ばれる変数 δ_j^l です。これは2乗誤差 C (→ §1) を用いて、次のように定義されます。

$$\delta_j^l = \frac{\partial C}{\partial z_j^l} \quad (l = 2, 3, \cdots) \quad \cdots (1)$$

(注) δ は「デルタ」と読まれるギリシャ文字で、ローマ字のdに相当します。なお、「ユニットの誤差」と前節 (§1) の (3) の2乗誤差とは同じ誤差でも意味がまったく異なります。

このユニットの誤差について、これまで調べてきた 例題 を用いて、具体的に調べてみましょう。

> 例題 前節 §1 で調べた 例題 のニューラルネットワークについて、ユニットの誤差 δ_j^l と、重み、バイアスに関する2乗誤差 C の偏微分との関係を調べてみましょう。

(注) 本節で利用する変数や式などの意味は §1 と同一です。

この 例題 の2乗誤差 C は次のように与えられます (→ §1の式(3))。

$$C = \frac{1}{2}\{(t_1-a_1^3)^2 + (t_2-a_2^3)^2\} \cdots (2)$$

例1 定義から、$\delta_1^2 = \dfrac{\partial C}{\partial z_1^2}$、$\delta_2^3 = \dfrac{\partial C}{\partial z_2^3}$

この **例1** の変数の関係を図示してみましょう。

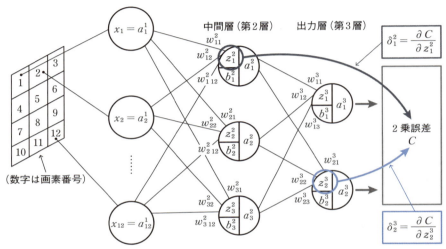

ユニット等の記法は3章§1の表記法に従っている。

重み、バイアスに関する2乗誤差の偏微分を δ_j^l で表現

2乗誤差(2)の重みやバイアスに関する偏微分は、式(1)で定義した δ_j^l と密接な関係で結ばれています。次の **例2**、**例3** で確かめてみましょう。

例2 **例題** において、$\dfrac{\partial C}{\partial w_{11}^2}$ を δ_j^l で表しましょう。

偏微分のチェーンルールから次の式が得られます（上の図参照）。

$$\frac{\partial C}{\partial w_{11}^2} = \frac{\partial C}{\partial z_1^2} \frac{\partial z_1^2}{\partial w_{11}^2} \cdots (3)$$

ここで、§1 の式 (2) に示した次の変数間の関係式を利用します。

$z_1^2 = w_{11}^2 x_1 + w_{12}^2 x_2 + \cdots + w_{1\,12}^2 x_{12} + b_1^2$

これから、$\dfrac{\partial z_1^2}{\partial w_{11}^2} = x_1$ … (4)

以上、δ_1^2 の定義式 (1) と上記 (3)、(4) から、

$\dfrac{\partial C}{\partial w_{11}^2} = \delta_1^2 x_1$ … (5)

これが **例2** の答です。変数の関係を下図に示しましょう。

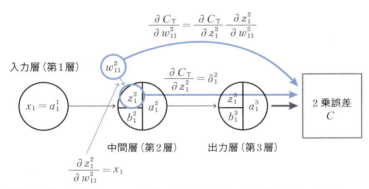

例2 の変数の関係図。ユニット等の記法は 3 章 §1 の表記法に従っている。

ちなみに、入力層 (層1) においては、その出力と入力は同一なので、変数名 a_j^l の規約 (→3 章 §1) を拡張して利用すると、次のように表せます。

$x_1 = a_1^1$

これと (4) を組み合わせて、(5) は次のようにも表現できます。

$\dfrac{\partial C}{\partial w_{11}^2} = \delta_1^2 a_1^1$ … (6)

例3 **例題** において、$\dfrac{\partial C}{\partial w_{11}^3}$ を δ_j^l で表しましょう。

偏微分のチェーンルールから次の式が得られます（**例1** の図参照）。

$$\dfrac{\partial C}{\partial w_{11}^3} = \dfrac{\partial C}{\partial z_1^3} \dfrac{\partial z_1^3}{\partial w_{11}^3} \cdots (7)$$

ここで、§1の式(1)に示した次の変数間の関係式を利用します。

$$z_1^3 = w_{11}^3 a_1^2 + w_{12}^3 a_2^2 + w_{13}^3 a_3^2 + b_1^3$$

これから、$\dfrac{\partial z_1^3}{\partial w_{11}^3} = a_1^2 \cdots (8)$

δ_1^3 の定義式(1)と上記(7)、(8)から、

$$\dfrac{\partial C}{\partial w_{11}^3} = \delta_1^3 a_1^2 \cdots (9)$$

これが **例3** の答です。変数の関係の図を下図に示しましょう。

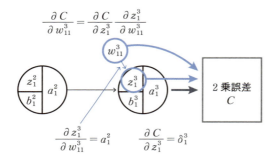

例3 の変数の関係図。ユニット等の記法は3章§1の表記法に従っている。

同様の計算から、b_1^2、b_1^3 に関する2乗誤差(1)の偏微分は次のよう表せます。

$$\dfrac{\partial C}{\partial b_1^2} = \dfrac{\partial C}{\partial z_1^2} \dfrac{\partial z_1^2}{\partial b_1^2} = \delta_1^2, \quad \dfrac{\partial C}{\partial b_1^3} = \dfrac{\partial C}{\partial z_1^3} \dfrac{\partial z_1^3}{\partial b_1^3} = \delta_1^3 \cdots (10)$$

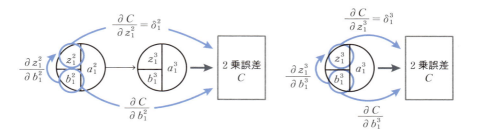

これら(6)(9)(10)から想像されるように、次の一般的な公式が得られます。

$$\frac{\partial C}{\partial w_{ji}^l} = \delta_j^l a_i^{l-1}、\quad \frac{\partial C}{\partial b_j^l} = \delta_j^l \quad (l = 2, 3, \cdots) \cdots (11)$$

こうして δ_j^l は2乗誤差 C の重みやバイアスに関する偏微分と関係づけられるのです。

問1 チェーンルールを用いて、$\dfrac{\partial C}{\partial w_{12}^2}$ を δ_1^2 で表しましょう。

解 $\dfrac{\partial C}{\partial w_{12}^2} = \dfrac{\partial C}{\partial z_1^2} \dfrac{\partial z_1^2}{\partial w_{12}^2} = \delta_1^2 a_2^1 = \delta_1^2 x_2$

問2 チェーンルールを用いて、$\dfrac{\partial C}{\partial w_{23}^3}$、$\dfrac{\partial C}{\partial b_2^3}$ を δ_2^3 で表しましょう。

解 $\dfrac{\partial C}{\partial w_{23}^3} = \dfrac{\partial C}{\partial z_2^3} \dfrac{\partial z_2^3}{\partial w_{23}^3} = \delta_2^3 a_3^2、\quad \dfrac{\partial C}{\partial b_2^3} = \dfrac{\partial C}{\partial z_2^3} \dfrac{\partial z_2^3}{\partial b_2^3} = \delta_2^3$

(注) **問1**、**問2** の実際の計算では、公式(11)を利用することをお勧めします。

δ_j^l と δ_i^{l+1} の関係が重要

本節では、唐突に δ_j^l などという記号を導入し、計算を進めました。結果として公式 (11) を得ました。この公式からわかる大切なことは、ユニットの誤差 δ_j^l が求められれば、勾配降下法の算出に必要な 2 乗誤差 (2) の偏微分も求められる、ということです。そこで、次の目標が定まりました。ユニットの誤差 δ_j^l を算出することです。

次の節ではこの δ_j^l の算出法を調べます。それが「誤差逆伝播法」です。δ_j^l と δ_i^{l+1} との関係から δ_j^l を求める技法です。

> **メモ** δ_j^l の意味と「ユニットの誤差」
>
> $\delta_j^l = \partial C / \partial z_j^l$ を「ユニットの誤差」と呼ぶ意味を調べます。この定義からわかるように、δ_j^l はユニットの重み付き入力 z_j^l が 2 乗誤差に与える変化率を表します。もしニューラルネットワークがデータにフィットしていれば、最小条件から変化率は 0 になるはずです。すなわち、フィットしていれば、「ユニットの誤差」δ_j^l も 0 になるのです。ということは、δ_j^l はフィットした理想的状態からのズレを表すと考えられます。そのズレを「誤差」と表現しているのです。

3 ニューラルネットワークと誤差逆伝播法

多変数関数の最小値を探すのに、勾配降下法は現実的な技法を提供してくれます。しかし§1で調べたように、ニューラルネットワークではその勾配降下法をそのままの形では利用できません。そこで登場したのが**誤差逆伝播法**です。**バックプロパゲーション法**（Back-propagation 法）、略して**BP法**ともいわれます。前節（§2）で導入したユニットの誤差 δ_j^l の漸化式を作り、その漸化式で複雑な微分計算を回避する技法です。

漸化式で微分計算を乗り切る

誤差逆伝播法は勾配降下法が基本です。その位置付けを図示しましょう。

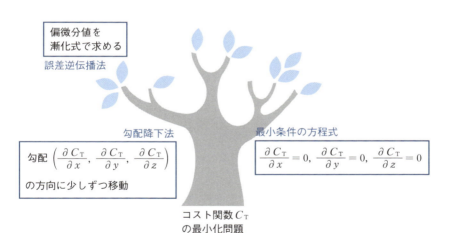

誤差逆伝播法の位置。勾配降下法の一分野である。

誤差逆伝播法は煩雑な微分計算を「数列の漸化式」に置き換えるのが特徴です。漸化式については2章で調べましたが、数列のアイデアに不慣れな場合には耳障りかもしれません。しかし、大丈夫。具体的に考えれば難しいアイデアではあり

ません。これまで調べてきた例題を利用して、その仕組みを調べることにします。

> **例題** 4×3画素からなる画像で読み取られた手書きの数字0、1を識別するニューラルネットワークのコスト関数に誤差逆伝播法を適用してみましょう。なお、学習用画像データは64枚とし、画素はモノクロ2階調とします。

(注) 本節で利用する記号や式の意味は §1、2と同一です。

誤差 δ_j^l の復習

前節（§2）で調べたように、誤差逆伝播法ではまず次の変数 δ_j^l を定義します。これを l 層 j 番目のユニットの**誤差**と呼びます。

$$\delta_j^l = \frac{\partial C}{\partial z_j^l} \quad \cdots (1)$$

ユニットの誤差 δ_j^l が得られれば、勾配降下法の基本となる2乗誤差の偏微分が、次の公式から得られます（→ §2 式(11)）。

$$\frac{\partial C}{\partial w_{ji}^l} = \delta_j^l a_i^{l-1}, \quad \frac{\partial C}{\partial b_j^l} = \delta_j^l \quad (l = 2, 3, \cdots) \quad \cdots (2)$$

(注) 前節（§2）の式(6)で示したように、$l=2$のとき、a_i^1 は次のように約束します：$a_i^1 = x_i$（x_i は入力層（すなわち層1）の i 番目のユニットの入出力変数）

出力層の δ_j^l を算出

ユニットの誤差 δ_j^l が得られれば、公式(2)から勾配の成分が得られます。では、どうやって δ_j^l を求めるのでしょうか？ ここで、数学の世界で有名な「数列の漸化式」（→2章§2）の考え方が利用されます。

数列とは数の並びです。その並びの最初を**初項**、最後を**末項**といいます。面白いことに、式(1)で定義される δ_j^l を数列と見立てたとき、その「末項」が簡単に

求められるのです。

　いま考えている 例題 では層の数は3です。そこで、数列 $\{\delta_j^l\}$ の末項に相当する誤差 $\delta_j^3 (j=1, 2)$ を計算してみましょう。これは出力層のユニットの誤差です。活性化関数を $a(z)$ とすると、チェーンルールから、

$$\delta_j^3 = \frac{\partial C}{\partial z_j^3} = \frac{\partial C}{\partial a_j^3} \frac{\partial a_j^3}{\partial z_j^3} = \frac{\partial C}{\partial a_j^3} a'(z_j^3) \cdots (3)$$

ここで、§1の式(2)の関係を利用しています。

　こうして、2乗誤差 C と活性化関数が与えられれば、「末項」に相当する出力層のユニットの誤差 δ_j^3 が具体的に得られます。

　出力層の層番号を L として、式(3)は次のように公式化できます。

$$\delta_j^L = \frac{\partial C}{\partial a_j^L} a'(z_j^L) \cdots (4)$$

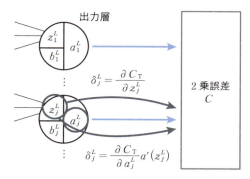

出力層 j 番目のユニットが上のルートで2乗誤差 C と関わると公式(4)の左辺が、下の a_j^L に寄り道するルートで関わると公式(4)の右辺が得られる。

先に示した 例題 で、ユニットの誤差 δ_1^3 を実際に求めてみましょう。

例1 例題 について、δ_1^3 を算出してみましょう。

2乗誤差 C は§1の式(3)から、

$$C = \frac{1}{2}\{(t_1-a_1^3)^2 + (t_2-a_2^3)^2\} \cdots (5)(§1の式(3)再掲)$$

| 4章 | ニューラルネットワークと誤差逆伝播法

したがって、$\dfrac{\partial C}{\partial a_1^3} = a_1^3 - t_1$ … (6)

式(5)(6)を式(3)に代入して、$\delta_1^3 = (a_1^3 - t_1)a'(z_1^3)$ … (7)

これが **例1** の解答です。

問1 **例題** について、δ_2^3 を算出してみましょう。ただし、活性化関数はシグモイド関数 $\sigma(z)$ とします。

解 式(7)を導いたのと同様にして、

$$\delta_2^3 = (a_2^3 - t_2)a'(z_2^3) \ \cdots (8)$$

また、題意から活性化関数にはシグモイド関数 $\sigma(z)$ が用いられるので、その関数の公式(→2章§6)から、

$$a'(z_2^3) = \sigma'(z_2^3) = \sigma(z_2^3)\{1-\sigma(z_2^3)\} \ \cdots (9)$$

この(9)を式(8)に代入して、

$$\delta_2^3 = (a_2^3 - t_2)\sigma'(z_2^3) = (a_2^3 - t_2)\sigma(z_2^3)\{1-\sigma(z_2^3)\}$$

中間層 δ_i^l について「逆」漸化式

ユニットの誤差 δ_i^l には大変ありがたい性質があります。その上の層のユニットの誤差 δ_j^{l+1} と簡単な関係式で結ばれているのです。例として **例題** の δ_1^2 について調べてみましょう。

まず、偏微分のチェーンルール(→2章§8)から、

$$\delta_1^2 = \dfrac{\partial C}{\partial z_1^2} = \dfrac{\partial C}{\partial z_1^3}\dfrac{\partial z_1^3}{\partial a_1^2}\dfrac{\partial a_1^2}{\partial z_1^2} + \dfrac{\partial C}{\partial z_2^3}\dfrac{\partial z_2^3}{\partial a_1^2}\dfrac{\partial a_1^2}{\partial z_1^2} \ \cdots (10)$$

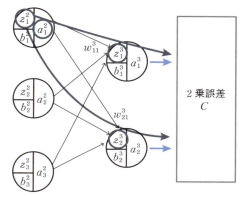

(10)で関係する変数の位置付け。
(10)でチェーンルールを利用するとき、2乗誤差 C には2つのルートでたどり着く。○を付けたものが関与する変数を表す。

この式 (10) の右辺の各項を見てみましょう。δ_1^3、δ_2^3 の定義式 (1) から、

$$\frac{\partial C}{\partial z_1^3} = \delta_1^3、\quad \frac{\partial C}{\partial z_2^3} = \delta_2^3 \quad \cdots (11)$$

また、z_j^3 と a_i^2 ($i=1$、2、3) の関係 (§1式(2)) から、

$$\frac{\partial z_1^3}{\partial a_1^2} = w_{11}^3、\quad \frac{\partial z_2^3}{\partial a_1^2} = w_{21}^3 \quad \cdots (12)$$

更に、活性化関数 $a(z)$ を用いて、$\dfrac{\partial a_1^2}{\partial z_1^2} = a'(z_1^2) \quad \cdots (13)$

(10) に (11) ～ (13) を代入して、

$$\delta_1^2 = \delta_1^3 w_{11}^3 a'(z_1^2) + \delta_2^3 w_{21}^3 a'(z_1^2)$$

こうして、次の関係が得られます。

$$\delta_1^2 = (\delta_1^3 w_{11}^3 + \delta_2^3 w_{21}^3) a'(z_1^2) \quad \cdots (14)$$

4章 ニューラルネットワークと誤差逆伝播法

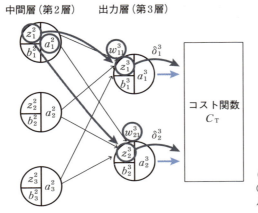

(14)で関係する変数の位置付け。
○を付けたものが関与する変数、パラメータを表す。

δ_2^2、δ_3^2 についても同様の式が得られます。まとめて、

$$\delta_i^2 = (\delta_1^3 w_{1i}^3 + \delta_2^3 w_{2i}^3) a'(z_i^2) \quad (i=1, 2, 3) \cdots (15)$$

こうして、2層目の δ_i^2 と3層目の δ_j^3 についての関係が得られました。これは次のように層 l と次の層 $l+1$ の関係公式として一般化できます。

$$\delta_i^l = \{\delta_1^{l+1} w_{1i}^{l+1} + \delta_2^{l+1} w_{2i}^{l+1} + \cdots + \delta_m^{l+1} w_{mi}^{l+1}\} a'(z_i^l) \cdots (16)$$

(注) m は層 $l+1$ のユニットの個数です。l は2以上の整数。

中間層の δ_i^l は微分せずに値が得られる

式(15)を見てみましょう。3層目の δ_1^3、δ_2^3 の値は式(7)(8)で得られています。そこで、式(15)を利用すれば、2層目の δ_i^2 の値が面倒な微分計算をしなくても求められることになります。これが**誤差逆伝播法**です。出力層にあるユニットの誤差さえ求めれば、他のユニットの誤差は偏微分の計算をする必要がないのです！

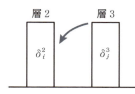

誤差逆伝播法の仕組み。
3層目のδが求められていれば、
2層目のδも簡単に求められる。

一般的に、公式(16)は層の番号が低い方向に値が定められていきます。これは2章で調べた数列の漸化式の発想とは逆になっています。それが逆伝播の「逆」の由来です。

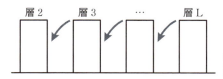

公式(16)の意味。いわば「逆」
漸化式の関係を表している。

> **問2** **例題** において、δ_2^2 を δ_1^3, δ_2^3 で表してみましょう。なお、活性化関数はシグモイド関数 $\sigma(z)$ とします。
>
> **解** 式(15)から、
>
> $$\delta_2^2 = (\delta_1^3 w_{12}^3 + \delta_2^3 w_{22}^3) a'(z_2^2) \quad \cdots (17)$$
>
> また、題意から活性化関数にシグモイド関数 $\sigma(z)$ が利用されるので、
>
> $$a'(z_2^2) = \sigma'(z_2^2) = \sigma(z_2^2)\{1 - \sigma(z_2^2)\} \quad (\rightarrow 2章 \S 6)$$
>
> これを(17)に代入して、
>
> $$\delta_2^2 = (\delta_1^3 w_{12}^3 + \delta_2^3 w_{22}^3) \sigma(z_2^2)\{1 - \sigma(z_2^2)\}$$

この **問2** の解には、微分計算が一つも入っていません！

4章 ニューラルネットワークと誤差逆伝播法

ニューラルネットワークの誤差逆伝播法をExcelで体験

§3で調べた誤差逆伝播法を用いて、実際にコスト関数の最小値をExcelで算出してみましょう。これまで見てきたように、Excelは計算の仕組みを見るには大変優れたツールです。

(注) コスト関数として2乗誤差の総和、活性化関数としてシグモイド関数を用いています。しかし、各層ごとに活性化関数が共通であれば、ここで調べる論理は一般的なニューラルネットワークの計算にそのまま適用できます。

最初に、これまで見てきた誤差逆伝播法のアルゴリズムをまとめます。

① 学習データを用意。
② 重みとバイアスの初期設定。
　各ユニットの重みとバイアスについて、その初期値を入力します。初期値には、通常は乱数を利用します。また、学習率ηとして、適当な小さい正の値を設定します。
③ ユニットの出力値、及び2乗誤差Cを算出。
　重み付き入力z、活性化関数の値aを算出します（→§1 式(2)）。また、2乗誤差Cを算出します（→§1 式(3)）。
④ 誤差逆伝播法から各層のユニットの誤差δを計算。
　§3の式(4)を用いて出力層の「ユニットの誤差」δを計算します。そして、§3の式(16)を用いて中間層のユニットの誤差δを算出します。
⑤ ユニットの誤差から2乗誤差Cの偏微分を計算。
　④で算出したユニットの誤差δを利用し、§2の式(11)を用いて、2乗誤差Cの重みとバイアスに関する偏微分を計算します。
⑥ コスト関数C_Tとその勾配∇C_Tを算出。
　③〜⑤の結果を全データについて加え合わせ、コスト関数C_Tとその勾配∇C_Tを求めます。

⑦ ⑥で求めた勾配から重みとバイアスの値を更新。
勾配降下法を利用して重みとバイアスを更新します（→ §1の式 (9)）。
⑧ ③〜⑦の操作の反復
コスト関数 C_T が十分に小さいと判断されるまで、③〜⑦の計算を繰り返します。

以上が誤差逆伝播法を用いたニューラルネットワークの重みとバイアス決定のアルゴリズムです。

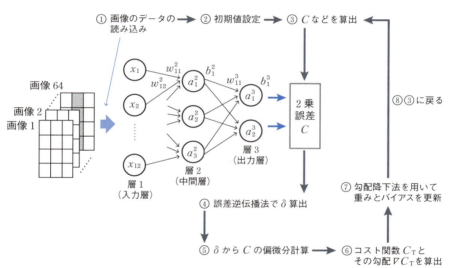

③の処理をフォワードプロパゲーション、④〜⑤の処理をバックプロパゲーションという。誤差逆伝播法はこれら二つを組み合わせた計算法。

Excelを用いてニューラルネットを決定

Excelを用いて、以上のアルゴリズムを確認してみましょう。具体例として、これまで調べてきた次の 例題 を用いることにします。

4章 ニューラルネットワークと誤差逆伝播法

> **例題** §1〜3で調べた **例題** のニューラルネットワークについて、誤差逆伝播法を用いて、その重みとバイアスを決定しましょう。学習データの画像例64枚は付録Aに掲載しました。

このニューラルネットワークの変数の具体的な関係式は§1〜3で調べました。Excelでは、それを単に式や関数で表現すればよいでしょう。それでは、具体的な計算方法を調べます。

① 画像読み込み

ニューラルネットワークを確定するには、学習データから重みとバイアスを定めなければなりません（これを「学習」と呼ぶことは、これまでに何度か調べました）。そのために、Excelのワークシートに、64枚の手書き数字の画像とその正解を読み込みます。

(注) 学習データの画像例64枚は付録Aに掲載しました。

> モノクロ2階調なので、画素情報を0と1で表現。

> 正解の意味については、3章§3を参照しよう。

64枚の画像データとその正解を、セル番号L3から始まる領域に順に6×4ブロック確保し読み込む。各6×4のブロックの左上4×3エリアに画像を、右下2×1エリアに正解の変数t_1、t_2の値をセットする。

② 重みとバイアスの初期設定

重みとバイアスは、これから求めるものであり、最初は不明です。しかし「たたき台」がなければ話が進みません。そこで、正規乱数（→2章§1）を利用して、たたき台となる初期値を設定します。また、学習率ηを設定します。学習率ηは

適当な小さい正の値を設定します。

(注) 学習率 η の設定は試行錯誤によるところが大です。同様に、重みとバイアスの初期設定値についても、良い結果を得るには何回か設定変更を要するかもしれません。

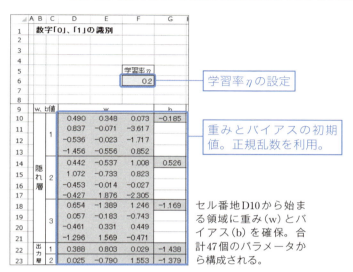

③ ユニットの出力値、及び2乗誤差 C を算出

1番目の画像について、重みとバイアスから各ユニットの重み付き入力、その活性化関数の値、2乗誤差 C を求めます。

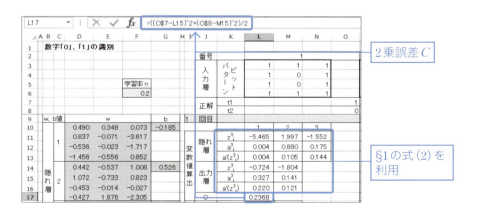

4章 ニューラルネットワークと誤差逆伝播法

④ 誤差逆伝播法から各層のユニットの誤差δを計算。

まず、出力層の「ユニットの誤差」δ_j^3 を計算します（→ §3 式(3)）。続けて、「逆」漸化式から δ_i^2 を計算します（→ §3 式(15)）。

⑤ ユニットの誤差から2乗誤差 C の偏微分を計算。

④で求めた δ から、2乗誤差 C の重さとバイアスに関する偏微分を計算します（→ §2 式(11)）。

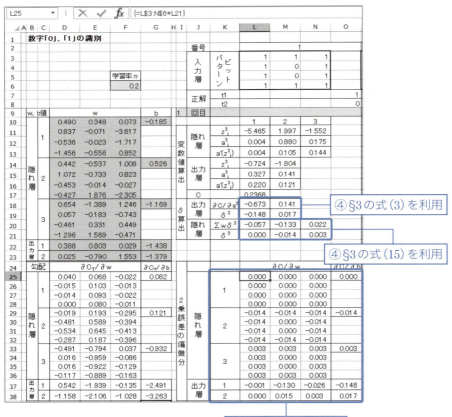

⑥ コスト関数 C_T とその勾配 ∇C_T を算出。

これまでは学習データの代表として1番目の画像を取り上げ、計算しました。目標はその計算を全データについて行い、加え合わせなければなりません。そこで、これまで作成したワークシートを学習データ64枚すべてについてコピーします。

			L	M	N	O	≈	JC	JD	JE	JF	JG
	番号			1						64		
	入力層	パターン ビット	1 1 1 1	1 0 0 1	1 1 1 1				0 1 1 0	1 0 0 1	0 0 0 0	
	正解	t1 t2				1 0		0 1				0 1
1	回目											
			1	2	3			1	2	3		
変数値算出	隠れ層	z_i^2 a_i^2 $a'(z_i^2)$	-5.465 0.004 0.004	1.997 0.880 0.105	-1.552 0.175 0.144			-0.090 0.477 0.249	2.483 0.923 0.071	-1.392 0.199 0.159		
	出力層	z_i^3 a_i^3 $a'(z_i^3)$	-0.724 0.327 0.220	-1.804 0.141 0.121				-0.505 0.376 0.235	-1.788 0.143 0.123			
	C		0.2368					0.4377				
δ算出	出力層	$\partial C/\partial a^3$ δ^3	-0.673 -0.148	0.141 0.017				0.376 0.088	-0.857 -0.105			
	隠れ層	$\Sigma w\delta^3$ δ^2	-0.057 0.000	-0.133 -0.014	0.022 0.003			0.032 0.008	0.154 0.011	-0.161 -0.026		
				$\partial C/\partial w$		$\partial C/\partial b$			$\partial C/\partial w$			$\partial C/\partial b$
2乗誤差の偏微分	隠れ層	1	0.000 0.000 0.000 0.000	0.000 0.000 0.000 0.000	0.000 0.000 0.000 0.000	0.000		0.000 0.008 0.008 0.000	0.008 0.000 0.000 0.008	0.000 0.000 0.000 0.000	0.008	
		2	-0.014 -0.014 -0.014 -0.014	-0.014 0.000 0.000 -0.014	-0.014 -0.014 -0.014 -0.014	-0.014	0.009	0.000 0.011 0.011 0.000	0.011 0.000 0.000 0.011	0.000 0.000 0.000 0.000	0.011	
		3	0.003 0.003 0.003 0.003	0.003 0.003 0.003 0.003	0.003 0.003 0.003 0.003	0.003	0.028	0.000 -0.026 -0.026 0.000	-0.026 0.000 0.000 -0.026	0.000 0.000 0.000 0.000	-0.026	
	出力層	1 2	-0.001 0.000	-0.130 0.015	-0.026 0.003	-0.148 0.017	0.075 0.106	0.042 -0.050	0.081 -0.097	0.018 -0.021	0.088 -0.105	

64枚分、画像をコピー

セル番地L10からO39のブロックを64個右にコピー。

64枚分のコピーが済んだなら、2乗誤差 C、及び⑤で求めた2乗誤差 C の偏微分を合計します。こうして、コスト関数 C_T、その勾配 ∇C_T が得られます(次図)。

4章 ニューラルネットワークと誤差逆伝播法

§1式(4)

§1の式(8)を利用

> **Memo メモ** 行列の和、差とExcel
>
> Excelには行列の和と差、定数倍のための関数はありません。それは関数を使う必要がないからです。例えば、2つの範囲 **A1:B3** と **P1:Q3** に収められた2つの行列の和を **X1:Y3** に算出したいときには、**X1:Y3** を範囲指定してから **A1:B3** と **P1:Q3** とを「+」で結び、**Shift**と**Ctrl**キーを同時に押せばよいでしょう(すなわち配列計算を行います)。これを利用すると、計算式の入力が簡単になります。

⑦ ⑥で求めた勾配から、重みとバイアスの値を更新。

　勾配降下法の基本の式(→§1 式(8))を利用し、新たな重みとバイアスの値を求めます。Excelで実現するには、左記の表⑥の下に新たに下図の表を作成し、そこに、更新の式(→§1 式(9))を埋め込みます。

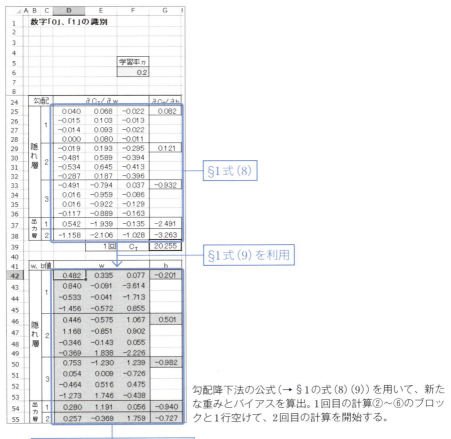

§1式(8)
§1式(9)を利用
更新後の重みとバイアスの値

勾配降下法の公式(→§1の式(8)(9))を用いて、新たな重みとバイアスを算出。1回目の計算②〜⑥のブロックと1行空けて、2回目の計算を開始する。

⑧ ③〜⑦の操作の反復

⑦で作成された新たな重みwとバイアスbを利用して、再度③からの処理を行います。

	A	B	C	D	E	F	G	H	I	J	K	L	M	N	O
1	数字「0」、「1」の識別														
2									番号				1		
3									入力層	ビットパターン		1	1	1	
4												1	0	1	
5					学習率η							1	0	1	
6					0.2							1	1	1	
7									正解		t1				1
8											t2				0
41		w, b値			w		b	2	回目						
42				0.482	0.335	0.077	-0.201					1	2	3	
43		隠れ層	1	0.840	-0.091	-3.614			変数値算出	隠れ層	z_i^2	-5.500	2.461	-0.846	
44				-0.533	-0.041	-1.713					a_i^2	0.004	0.921	0.300	
45				-1.456	-0.572	0.855					$a'(z_i^2)$	0.004	0.072	0.210	
46				0.446	-0.575	1.067	0.501			出力層	z_i^3	0.176	-0.538		
47			2	1.168	-0.851	0.902					a_i^3	0.544	0.369		
48				-0.346	-0.143	0.055					$a'(z_i^3)$	0.248	0.233		
49				-0.369	1.838	-2.226				C		0.1720			
50				0.753	-1.230	1.239	-0.982		δ算出	出力層	$\partial C / \partial a$	-0.456	0.369		
51			3	0.054	0.009	-0.726					δ^3	-0.113	0.086		
52				-0.464	0.516	0.475				隠れ層	$\Sigma w \delta^3$	-0.010	-0.166	0.145	
53				-1.273	1.746	-0.438					δ^2	0.000	-0.012	0.030	
54		出力層	1	0.280	1.191	0.056	-0.940								
55			2	0.257	-0.369	1.759	-0.727								
56		勾配			$\partial C_T / \partial w$		$\partial C_T / \partial b$						$\partial C / \partial w$		$\partial C / \partial b$
57				0.010	-0.004	-0.003	0.001				1	0.000	0.000	0.000	0.000
58			1	-0.003	0.006	-0.003						0.000	0.000	0.000	
59				-0.004	0.005	-0.003						0.000	0.000	0.000	
60				-0.016	0.009	-0.014			2乗誤差の偏微分			0.000	0.000	0.000	
61		隠れ層		0.009	0.321	-0.317	0.222			隠れ層	2	-0.012	-0.012	-0.012	-0.012
62			2	-0.554	0.751	-0.443						-0.012	-0.012	-0.012	
63				-0.645	0.847	-0.499						-0.012	-0.012	-0.012	
64				-0.308	0.340	-0.533						-0.012	-0.012	-0.012	
65				-0.074	-0.625	0.562	-0.538				3	0.030	0.030	0.030	0.030
66			3	0.615	-1.078	0.401						0.030	0.030	0.030	
67				0.549	-1.019	0.483						0.030	0.030	0.030	
68				0.113	-0.620	0.291						0.030	0.030	0.030	
69		出力層	1	0.928	-0.494	0.773	-0.136			出力層	1	0.000	-0.104	-0.034	-0.113
70			2	-0.971	-0.336	-0.883	-1.314				2	0.000	0.079	0.026	0.086
71					2回	C_T	14.428								

③〜⑦で作成した該当部分をコピー

こうして作成した41行から71行の1ブロックを下に50ブロック分コピーします。これで50回分の計算がなされることになります。

(注) 50回に意味はありません。区切りのいい数として用いました。

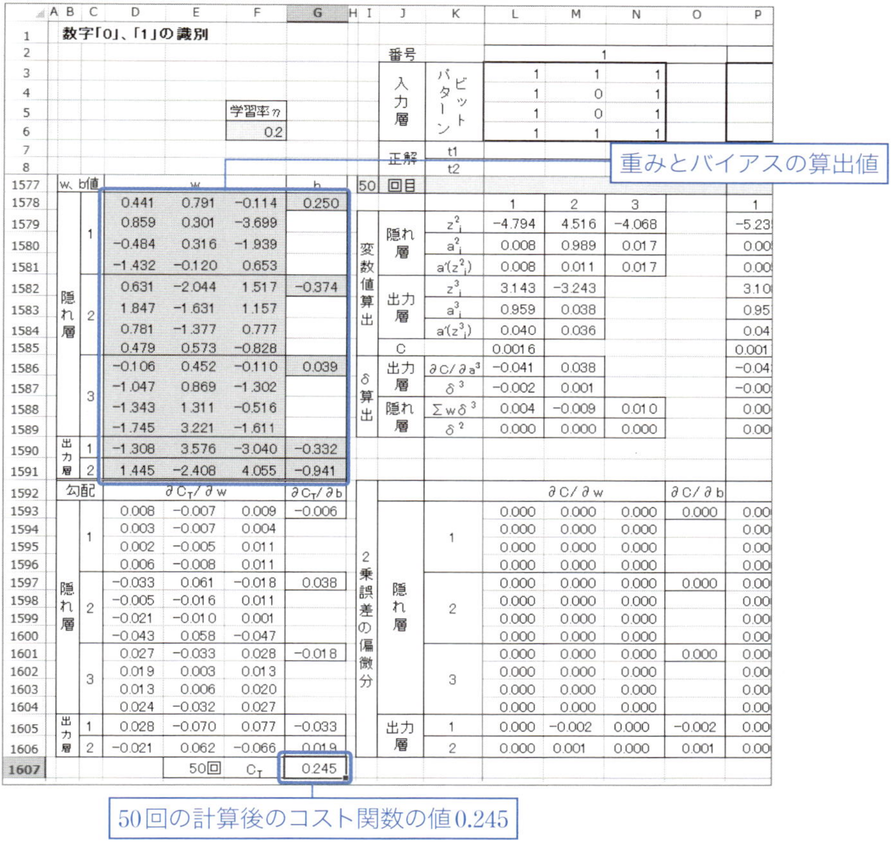

4 ニューラルネットワークの誤差逆伝播法を Excel で体験

<表: 省略（重みとバイアスの算出値、勾配計算、50回目のコスト関数計算結果などを含むExcelワークシートの画像）>

50回の計算後のコスト関数の値 0.245

41行から71行の1ブロックを50ブロック分、下にコピー。

以上で計算終了です。コスト関数 C_T の値を見てみましょう。

コスト関数 $C_T = 0.245$

64個の画像からなる学習データなので、1画像当たり 0.016 です。2乗誤差の式（→ §1 式(3)）から、最大誤差が1画像当たり1であることを考えれば、良い結果といえるでしょう。

ちなみに、コスト関数の計算結果を50回分追うと、勾配降下法の意味が視覚的に納得できます。論理から当然ですが、回を重ねるごとにコスト関数 C_T の値

が小さくなっています。勾配降下法の優れた点は、この減少の速さが最も大きいということです。

回	C_T	回	C_T	回	C_T	回	C_T	回	C_T
1	20.255	11	2.214	21	1.030	31	0.580	41	0.353
2	14.428	12	2.000	22	0.968	32	0.550	42	0.338
3	12.243	13	1.827	23	0.911	33	0.522	43	0.323
4	9.924	14	1.680	24	0.859	34	0.496	44	0.310
5	7.581	15	1.553	25	0.810	35	0.471	45	0.297
6	5.679	16	1.441	26	0.765	36	0.448	46	0.285
7	4.332	17	1.342	27	0.723	37	0.426	47	0.274
8	3.451	18	1.252	28	0.683	38	0.406	48	0.264
9	2.868	19	1.171	29	0.647	39	0.387	49	0.254
10	2.488	20	1.097	30	0.612	40	0.370	50	0.245

> **Memo　メモ　関係式の行列表示**
>
> 行列で表現すると、式が簡潔になることがあります。例えば、前節§3の関係式(4)、(15)は行列で簡潔に表現されます。
>
> (4)式：
> $$\begin{pmatrix} \delta_1^3 \\ \delta_2^3 \end{pmatrix} = \begin{pmatrix} \dfrac{\partial C}{\partial a_1^3} \\ \dfrac{\partial C}{\partial a_2^3} \end{pmatrix} \odot \begin{pmatrix} a'(z_1^3) \\ a'(z_2^3) \end{pmatrix}$$
>
> 式(15)：
> $$\begin{pmatrix} \delta_1^2 \\ \delta_2^2 \\ \delta_3^2 \end{pmatrix} = \begin{bmatrix} w_{11}^3 & w_{21}^3 \\ w_{12}^3 & w_{22}^3 \\ w_{13}^3 & w_{23}^3 \end{bmatrix} \begin{pmatrix} \delta_1^3 \\ \delta_2^3 \end{pmatrix} \odot \begin{pmatrix} a'(z_1^2) \\ a'(z_2^2) \\ a'(z_3^2) \end{pmatrix} \quad \cdots (*)$$
>
> ここで $\odot$ はアダマール積です（→2章§5）。
>
> コンピュータで計算するときには、この $(*)$ は次のように書き換えておくと便利です。
>
> $$\begin{pmatrix} \delta_1^2 \\ \delta_2^2 \\ \delta_3^2 \end{pmatrix} = \begin{bmatrix} {}^t\begin{pmatrix} w_{11}^3 & w_{12}^3 & w_{13}^3 \\ w_{21}^3 & w_{22}^3 & w_{23}^3 \end{pmatrix} \begin{pmatrix} \delta_1^3 \\ \delta_2^3 \end{pmatrix} \end{bmatrix} \odot \begin{pmatrix} a'(z_1^2) \\ a'(z_2^2) \\ a'(z_3^2) \end{pmatrix}$$

新たな数字でテスト

作成したニューラルネットワークは手書き数字「0」「1」を識別するためのものでした。そこで、正しく数字「0」「1」を識別できるか、新しい手書き文字で確かめてみましょう。

次のワークシートはExcelの⑧のステップで得た重みとバイアスを利用して、右の数字画像を入力し処理した例です。

⑧で得た重みとバイアスを利用して、新たなデータについて出力層のユニット出力を算出する。1番目のユニット出力より2番目の方が小さければ0と判定される。

人が判断したなら「たぶん0」でしょうが、ニューラルネットワークも「0」と判断しています。

また、次のワークシートは右の数字を入力した例です。人が判断したなら「たぶん1」と思われますが、ニューラルネットワークも「1」と判断しています。

4章 ニューラルネットワークと誤差逆伝播法

	A	B	C	D	E	F	G	H	I	J	K	P	Q	R	S
1	数字0と1の識別のテスト														
2										番号			2		
3												0	1	1	
4										ビット		0	1	0	
5										パターン		0	1	0	
6												0	1	0	
7															
8															
9		w、b値			w			b				1	2	3	
10				0.441	0.791	−0.114	0.250			隠れ層	z^2_j	1.424	−3.337	5.782	
11			1	0.859	0.301	−3.699	0.000				a^2_j	0.806	0.034	0.997	
12				−0.484	0.316	−1.939	0.000				$\sigma'(z^2_j)$	0.156	0.033	0.003	
13				−1.432	−0.120	0.653	0.000			出力層	z^3_j	−4.294	4.184		
14		隠		0.631	−2.044	1.517	−0.374				a^3_j	0.013	0.985		
15		れ	2	1.847	−1.631	1.157	0.000								
16		層		0.781	−1.377	0.777	0.000			判定		1			
17				0.479	0.573	−0.828	0.000								
18				−0.106	0.452	−0.110	0.039								
19			3	−1.047	0.869	−1.302	0.000								
20				−1.343	1.311	−0.516	0.000								
21				−1.745	3.221	−1.611	0.000								
22		出力	1	−1.308	3.576	−3.040	−0.332								
23		層	2	1.445	−2.408	4.055	−0.941								

画像のビットパターン

出力層の1番目のユニット出力より2番目の方が大なので1と判定

⑧で得た重みとバイアスを利用して、新たなデータについて出力層のユニット出力を算出する。1番目のユニット出力より2番目の方が大きければ1と判定される。

> **Memo メモ　行列計算とExcel関数**
>
> 先のメモにも示しているように、ニューラルネットの計算では、行列を利用すると式が簡単になり、計算が容易になる場合がよくあります。Excelを利用する際にも、この特徴を利用するとよいでしょう。
>
> Excelは、ニューラルネットワークの計算によく使う次の行列関数を用意しています。
>
> | MMULT | 行列の積を計算 |
> |---|---|
> | TRANSPOSE | 転置行列を計算 |
>
> Excelにはアダマール積の関数はありませんが、配列式として簡単に処理できます。

5章

ディープラーニングと
畳み込みニューラル
ネットワーク

ディープラーニングは近年マスコミ界を騒がせている人工知能の実現法の一つです。この章では、ディープラーニングの代表である CNN（畳み込みニューラルネットワーク）について、その数学的なしくみを調べます。

畳み込みニューラルネットワークの しくみを小悪魔が解説

ディープラーニングとは隠れ層（中間層）が幾重にも重なるニューラルネットワークのことで、「深層学習」と訳されます。隠れ層に構造を持たせ、より効率的に学習が進むようにしたニューラルネットワークです。特に近年脚光を浴びているのが**畳み込みニューラルネットワーク**（Convolutional Neural Network、略してCNN）です。本節ではそれがどのようなアイデアで設計されるかを調べます。

ネットワークに構造を持たせる

畳み込みニューラルネットワークは今が旬のテーマであり、一般論をまとめることは危険です。ここでは、最も簡単な次の 例題 を利用して、畳み込みニューラルネットワークの考え方を調べることにしましょう。これまで調べてきた例題をアレンジした簡単な例ですが、畳み込みニューラルネットワークの仕組みがよく理解できる例です。

> 例題 6×6画素からなる画像で読み取られた手書きの数字1、2、3を識別する畳み込みニューラルネットワークを作成しましょう。ただし、画素はモノクロ2階調とします。

最初に、この 例題 の答えとなる「畳み込みニューラルネットワーク」の例を紹介しましょう。それが次のページにある図です。

変数名を丸で囲ったものがユニットですが、この図から畳み込みニューラルネットワークの特徴がわかります。隠れ層が構造を持つ複数の層から成り立っているのです。すなわち、隠れ層が**畳み込み層**と**プーリング層**で構成されている複数の層からできているのです。単に「深層」というだけでなく、構造が組み込まれています。

（注） 畳み込み層は**コンボリューション層**（convolution layer）ともいいます。ここに示したものは最も原初的な畳み込みニューラルネットワークです。実用に供されているのは更に複雑です。

1 畳み込みニューラルネットワークのしくみを小悪魔が解説

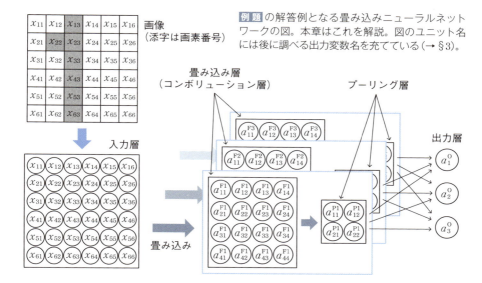

アイデアの発想法

どうしてこのような構造を思いつくのでしょうか。その発想法がわかれば、様々な分野への応用・発展が可能になります。ここでも、1章に登場した「悪魔」に解説してもらいます。

1章§5で調べたニューラルネットワークでは、隠れ層に住む悪魔が「好みのパターン」を持っていました。その好みのパターンに隠れ悪魔が反応するおかげで、出力層はその情報を吸い上げ、ニューラルネットワークによるパターン認識が可能になったのです。

本節に登場する悪魔は先の悪魔とは多少性格が異なります。「好みのパターン」を持っていることは共通ですが、ここの悪魔は活発なのです。画像から好みのパターンを積極的に探し出そうとする癖を持っています。3章で登場した悪魔が動かずに座っているのに対して、ここで登場する悪魔は小悪魔で活動的なのです。

そこで、この小悪魔が活動できるように、作業場を提供しましょう。それが畳み込み層とプーリング層から構成されるシートです。小悪魔一人に各1枚が作業場として用意されます。

5章 ディープラーニングと畳み込みニューラルネットワーク

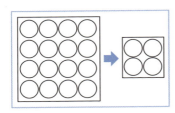

小悪魔に活動できる作業場（外枠）を提供。このシート番号は「1」とする。

活動的な小悪魔は、画像データに好みのパターンが含まれるかを積極的に走査（スキャン）します。そして、多く含まれれば大きく興奮し、あまり含まれていなければ興奮しません。ところで、好みのパターンの大きさは全画像より小さいので、その興奮度は複数のユニットに記録されることになります。

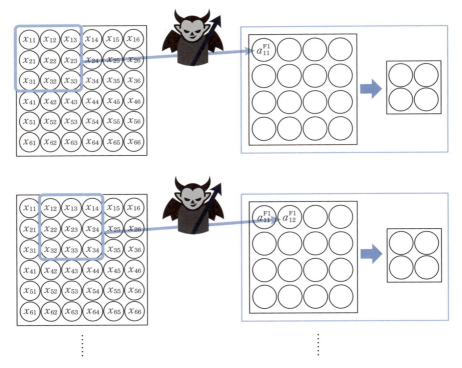

小悪魔はデータ画像を走査（スキャン）し、検知した好みのパターンの多寡に応じて興奮する。その興奮度を畳み込み層のユニットに記録する。ユニット名のF1のFはfilterの頭文字、1はシート番号。

§1 畳み込みニューラルネットワークのしくみを小悪魔が解説

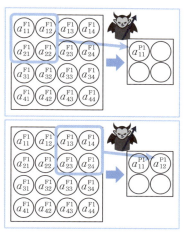

(注) 一般的に、スキャンするフィルターサイズは5×5が普通です。ここでは、結果を簡単にするために、図のように小さ目のサイズ3×3を用いました。

活動的な小悪魔は、更に自分の興奮度を整理します。興奮度を束ねるのです。それがプーリング層を形作ります。

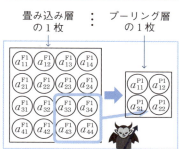

プーリング層の作成。
小悪魔は検索（スキャン）結果の興奮度（a_{11}^{F1}など）を更に束ね、プーリング層のユニットに縮約する。プーリング層には小悪魔の好みのパターン情報が濃縮されることになる。ユニット名のP1のPはpoolingの頭文字、1はシート番号）。

5章 ディープラーニングと畳み込みニューラルネットワーク

こうして、プーリング層のユニットには、対象の画像に小悪魔の好みのパターンがどれくらい含まれているかの情報が濃縮されるのです。

さて、1章§5に紹介した悪魔は一人につき1パターンの好みを持っていました。本節の小悪魔も、好みは1パターンのみです。そこで、数字の「1」、「2」、「3」を識別するには、複数の小悪魔に登場してもらう必要があります。ここでは恣意的ですが3人の小悪魔を仮定します。これら3人の小悪魔の報告を組み合わせて、出力層がニューラルネットワーク全体の決定結果を提示します。

その出力層に住む出力悪魔は3人です。手書き数字の「1」「2」「3」の各々に大きく反応する審査員が必要だからです。これは1章のときと同様です。

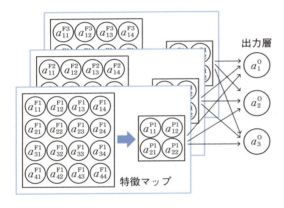

3人の小悪魔の報告をまとめるのが出力層。手書き数字の「1」「2」「3」に大きく反応する悪魔3人が必要。

以上が、小悪魔による 例題 の解答作成法です。この小悪魔の発想でニューラルネットワークの畳み込み層とプーリング層を作成したのが**畳み込みニューラルネットワーク**なのです。

繰り返しますが、1章に登場した隠れ層の「悪魔」は静的です。データを見て反応するだけです。それに対して、この章の小悪魔は動的で、積極的に画像を走査(スキャン)し、整理して上の層に報告します。この小悪魔の性格のために、畳み込みニューラルネットワークにはこれまでのシンプルなニューラルネットワークにはない優れた特徴が生まれます。

① 複雑なパターン認識問題にも、簡潔なネットワークで対応可。
② 全体としてユニット数が少なくて済むので、計算が楽。

様々な分野で畳み込みニューラルネットワークが脚光を浴びているのは、これらの性質のおかげです。

ところで、これまでの議論は、小悪魔がニューラルネットワークの隠れ層に住んでいたならば、という仮定の話です。すべての科学理論がそうであるように、思い描いたモデルが正しいかどうかは、それを用いた予測が現実を上手に説明できるかどうかにかかっています。そして周知のように、畳み込みニューラルネットワークは、ユーチューブ上にある猫の画像を認識するなど、目覚ましい成果を残しています。

さて、ここで調べた小悪魔の活躍をどうやってニューラルネットワークは実現するのでしょうか。その数学的な実現法は次節で調べることにします。

小悪魔の人数

先の説明で、登場する小悪魔は3人としました。この人数は予め確定したものではありません。もし、5つのパターンで画像を区別できると見込んだならば、当然5人の小悪魔に登場願うことになります。すると、畳み込み層とプーリング層からなるシートは5枚用意すべきでしょう。

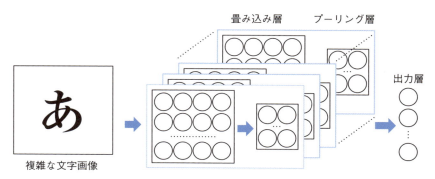

画像が複雑になれば、畳み込み層とプーリング層のシート枚数は増える。それを何枚にするかなどは、試行錯誤に負うところが大きい。

更に、「猫」を画像認識するような場合には、隠れ層の構造自体も複雑にする必要が出てきます。そこがディープラーニング設計者の腕の見せ所となります。

2　小悪魔の働きを畳み込みニューラルネットワークの言葉に翻訳

畳み込みニューラルネットワークの考え方を前節§1で調べました。好みのパターンを探す活動的な小悪魔を仮想すると、その設計のアイデアが理解できます。本節では、その小悪魔のアイデアをいかに数学に置き換えるかを見てみましょう。ここでも、前節と同じ次の 例題 を考えます。

> 例題　6×6画素からなる画像で読み取られた手書きの数字1、2、3を識別するニューラルネットワークを作成しましょう。ただし、画素はモノクロ2階調とします。

小悪魔の動きを数学で追う

§1で考えた小悪魔の動きを数学で追ってみましょう。ここで小悪魔Sに登場してもらいます。この小悪魔Sは次のパターンSが好みと仮定します。

小悪魔Sの好みのパターンS。
（Sはslash（/）の頭文字。）

(注) パターンの大きさは通常5×5です。ここでは、結果を簡単にするために、このように小さな3×3パターンを用いました。

では、この小悪魔Sの動きを数学的に追うことにしましょう。対象になる画像は次の画像「2」とします。手書き数字「2」を正解としています。

画像「2」
この画像を小悪魔が処理する流れを数学で追う。

2 小悪魔の働きを畳み込みニューラルネットワークの言葉に翻訳

　小悪魔Sは、最初に、好みのパターンSを**フィルター**として画像をスキャンします。このフィルターをフィルターSと名付けます。では実際に、画像「2」について、フィルターSで全体を走査（スキャン）してみましょう。

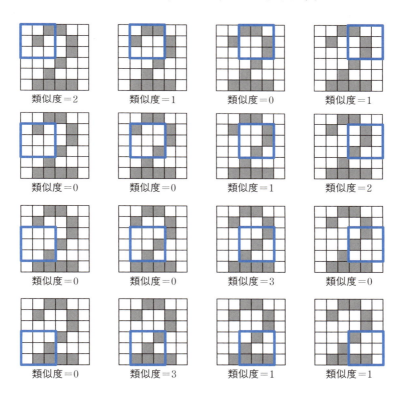

　各画像の下の「類似度」はフィルターの網のかかった部分と、走査部分の網のかかった部分とが合致する個所の個数を示しています。値が大きければ、小悪魔の好みのパターンに大きく合致することになります。

(注) この類似度は画素がモノクロ2階調（すなわち0と1）の場合です。より一般的なパターンの類似度の議論は付録Cで調べます。

　この「類似度」を右の表のようにまとめてみましょう。これがフィルターSから得られた**畳み込み**（convolution）の結果で、**特徴マップ**（feature map）と呼ばれるものです。

2	1	0	1
0	0	1	2
0	0	3	0
0	3	1	1

§1で登場した小悪魔が行ったスキャン結果はこれなのです。

(注) このようなフィルターの計算を**畳み込み**といいます。

畳み込み層には、この畳み込みの結果を入力情報とするユニットが用意されています。各ユニットは、対応する畳み込みの値に特徴マップ固有のバイアスを加えた値を「重み付き入力」とします（下図参照）。

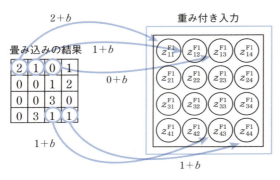

畳み込み層にあるユニットの「重み付き入力」。バイアスbは共通であることに注意。
なお、小悪魔Sはシート番号1番で活動している。

畳み込み層の各ユニットは重み付き入力を活性化関数で処理し、ユニット出力とします。こうして畳み込み層の処理が完了します。

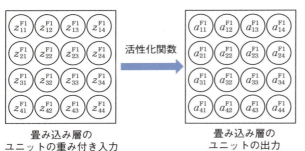

畳み込み層のユニットは活性化関数を通して「重み付き入力」を出力に変換する。

プーリングで情報濃縮

この 例題 の畳み込み層のユニットは少なく、簡単に出力値を一覧できます。しかし、実際の画像では畳み込み層のユニット数は膨大です。そこで、§1でも

言及したように、情報縮約の操作をします。そして、その結果をプーリング層のユニットに収めます。

この縮約の仕方は単純で、畳み込み層のユニットを2×2の部分に分割し、各部分で代表値を算出します。本書では最も有名な**最大プーリング**（Max pooling）という濃縮法を用います。これは、分割された各部分の最大値を提出する情報縮約法です。

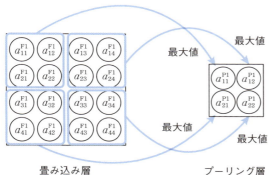

最大プーリングの結果。プーリング層の入力と出力は同一値。

(注) プーリング操作は2×2区画で行われるのが普通ですが必然性はありません。

こうして1枚の画像がコンパクトなユニットの集まりに集約されます。

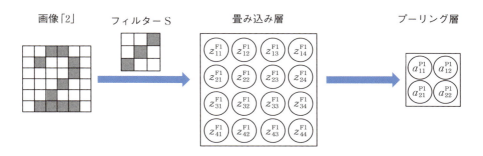

次の **例** で、これまでの計算の流れを復習しましょう。

例 先に示した画像「2」とフィルターSを用いて、畳み込み層とプーリング層にあるユニットの入出力値を実際に算出しましょう。ただし、特徴マップのバイアスは仮に-1（閾値は1）とし、活性化関数はシグモイド関数とします。

図の順を追って、次の表のように算出できます。

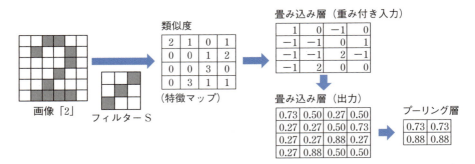

(注) プーリング層の入力と出力は同一。簡略化するため、ユニットも四角枠で表示。

問 例と同様、右の画像「1」と「3」をフィルターSで処理したときの、畳み込み層とプーリング層にあるユニットの入出力値を算出してみましょう。

解 例と同様な手順で下図のように得られます。

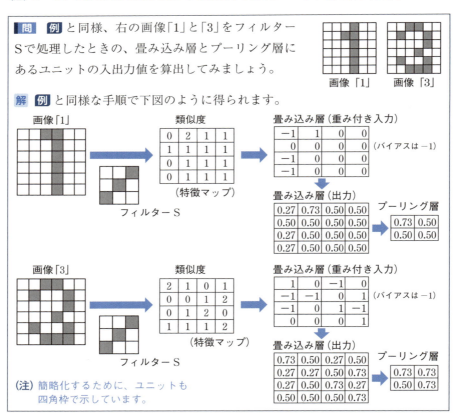

以上の 例 と 問 からわかるように、数字「2」の画像のプーリング結果の方が数字「1」「3」の画像のプーリング結果よりも大きな値から構成されています。プーリング層に並ぶユニットの出力が大きければ、元の画像にフィルターSのパターンが多く含まれていることを示します。こうして、フィルターSは手書き数字「2」の検出に役立つことがわかります。そして、このような判断を下すのが出力層です。1～4章で調べたニューラルネットワークのときと同様、出力層は前の層（プーリング層）の情報を組み合わせ、それからネットワークの結論を引き出します。

以上、§1で調べた小悪魔の働きを数学的なアイデアで表現しました。しかし、これだけでは計算はできません。次節では、実際に計算できるように、アイデアを数式表現します。

Memo メモ　本格的なディープラーニングを体験

本書で扱うディープラーニングの具体例は、その仕組みを知るためのものであり、実用に供せるものではありません。そこで、本書によってディープラーニングの仕組みが了解されたなら、その次として以下の表にあるサービスのトライアル版を試してみるとよいでしょう。

サービス名	解説
TensorFlow	Googleが提供。無料で本格的なディープラーニングを体験できる。
Azure	マイクロソフト社の本格的なクラウドサービス。ディープラーニングも体験できる。
Watoson	IBMが提供。従来型の機械学習から出発。後にディープラーニングの手法も取り込む。
Amazon Machine Learning	Amzonが提供。機械学習をウィザード的に利用できるのが特徴。

3 畳み込みニューラルネットワークの変数の関係式

畳み込みニューラルネットワークを定めるにはフィルターや重み、バイアスを具体的に決定しなければなりません。そのためには、これらパラメータの関係を数式表現しなければなりません。

各層の意味と変数名、パラメータ名の確認

これまでと同様、次の 例題 を用いて話を進めます。

> 例題 6×6画素からなる画像で読み取られた手書きの数字1、2、3を識別するニューラルネットワークを作成しましょう。なお、画素はモノクロ2階調とし、学習データは96枚用意されています。

§1では、この解答例となる次の畳み込みニューラルネットワークの図を提示しました。

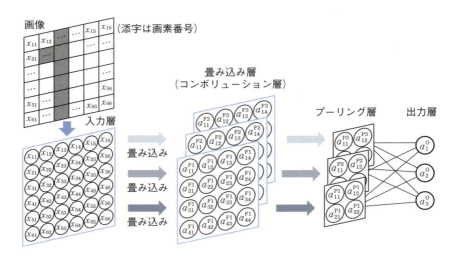

3 畳み込みニューラルネットワークの変数の関係式

　この畳み込みニューラルネットワークを決定するのに必要な変数、パラメータの記号と意味を次の表にまとめます。

場所	記号	意味
入力層 （Input層）	x_{ij}	ユニットに入力される画像の中の画素（i行j列）の値。出力と同じ。
フィルター （Filter）	w_{ij}^{Fk}	k枚目の特徴マップを作るためのフィルターのi行j列の値。ここでは3×3のフィルターを考える（5×5が一般的だが、ここでは簡略化）。
畳み込み層	z_{ij}^{Fk}	k枚目i行j列にあるユニットの重み付き入力。
	b^{Fk}	k枚目i行j列にあるユニットのバイアス。これは各特徴マップに共通であることに注意。
	a_{ij}^{Fk}	k枚目i行j列にあるユニットの出力（活性化関数の値）。
プーリング層 （Pooling層）	z_{ij}^{Pk}	k枚目i行j列にあるユニットの入力。通常は前層の出力の非線形関数値となる。
	a_{ij}^{Pk}	k枚目i行j列にあるユニットの出力。入力値z_{ij}^{Pk}と一致する。
出力層 （Output層）	w_{k-ij}^{On}	k枚目のプーリング層のi行j列にあるユニットから出力層n番目のユニットに向けられた矢の重み
	z_n^O	出力層n番目にあるユニットの重み付き入力。
	b_n^O	出力層n番目にあるユニットのバイアス。
	a_n^O	出力層n番目にあるユニットの出力（活性化関数の値）。
学習データ	t_n	正解が「1」のとき$t_1=1$、$t_2=0$、$t_3=0$ 正解が「2」のとき$t_1=0$、$t_2=1$、$t_3=0$ 正解が「3」のとき$t_1=0$、$t_2=0$、$t_3=1$

　次のページに、これら変数やパラメータの位置関係を示しましょう。

(注) 図の表記は3章 §1の約束に従っています。

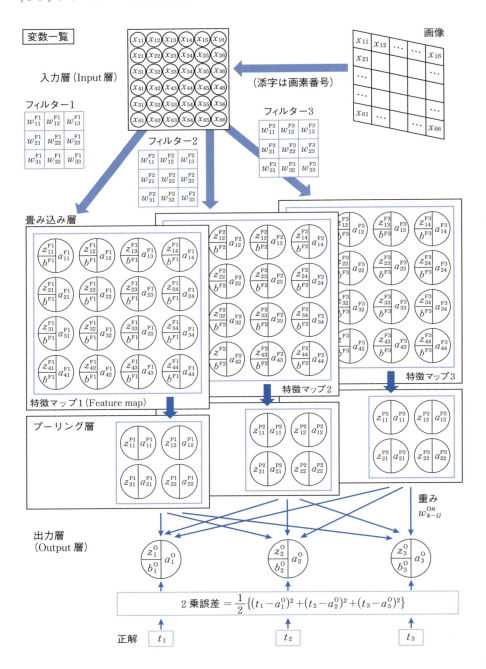

畳み込みニューラルネットワークで考えるパラメータがニューラルネットワークの場合と異なる点は、フィルターという新しい成分が加わることです。

では、今後の計算に必要なパラメータと変数の関係式を層ごとに調べましょう。いくつかは前節§1、2と重複しますが、数学的により一般的な観点から確認します。§1、2と読み比べながら、数式を追ってください。

入力層

この 例題 では、画素数6×6の画像が入力データになります。入力層のユニットには、その画素値がそのまま入ります。ここでは、読み込み画像のi行j列の位置にある画素データをx_{ij}で表し、それを入力層の変数名とユニット名に利用しています。

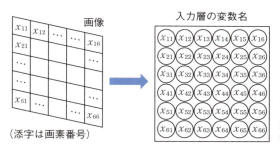

入力層のユニットでは、入力と出力の値は同一です。入力層のi行j列にあるユニットの出力をa^{I}_{ij}と表記するなら、当然次の関係が成立します（aの上付き添え字のIはInputの頭文字）。

$$a^{\mathrm{I}}_{ij} = x_{ij}$$

フィルターと畳み込み層

これまで調べてきたように(→§1、2)、3×3の要素を持つフィルターを通して画像をスキャンします。そして、そのフィルターを3種用意しましょう(→§1)。なお、フィルターの数値は学習データから学習して確定するもので、モデルのパラメータです。その値を次図のように w_{11}^{Fk}、w_{12}^{Fk}、$\cdots$ ($k=1, 2, 3$)と表すことにします。

フィルター1	フィルター2	フィルター3
w_{11}^{F1} w_{12}^{F1} w_{13}^{F1} w_{21}^{F1} w_{22}^{F1} w_{23}^{F1} w_{31}^{F1} w_{32}^{F1} w_{33}^{F1}	w_{11}^{F2} w_{12}^{F2} w_{13}^{F2} w_{21}^{F2} w_{22}^{F2} w_{23}^{F2} w_{31}^{F2} w_{32}^{F2} w_{33}^{F2}	w_{11}^{F3} w_{12}^{F3} w_{13}^{F3} w_{21}^{F3} w_{22}^{F3} w_{23}^{F3} w_{31}^{F3} w_{32}^{F3} w_{33}^{F3}

フィルターを構成する数はモデルのパラメータ。ちなみに、FはFilterの頭文字。

(注) フィルターは**カーネル**(kernel)とか**マスク**(mask)とも呼ばれます。

フィルターの大きさは5×5が一般的です。本書は簡略性を主眼にしているので、よりコンパクトな3×3にしました。また、フィルターを3枚用意したのには、必然性はありません。計算結果がデータと合致しないときには、この枚数を変更します。

さて、これらのフィルターを用いて畳み込みを行います(→§2)。例えば、入力層の左上から3×3の領域とフィルター1の対応成分同士を掛け合わせ、次の畳み込みの値 c_{11}^{F1} を作成します(cはconvolutionの頭文字)。

$$c_{11}^{F1} = w_{11}^{F1} x_{11} + w_{12}^{F1} x_{12} + w_{13}^{F1} x_{13} + \cdots + w_{33}^{F1} x_{33}$$

これは前節§2で「類似度」と呼んだものです。

3 畳み込みニューラルネットワークの変数の関係式

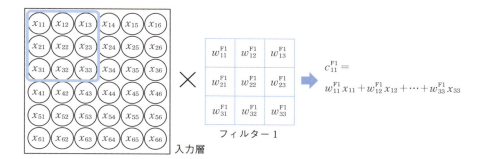

フィルターを順次スライドし、同様にして畳み込みの値 c_{12}^{F1}, c_{13}^{F1}, $\cdots$, c_{44}^{F1} を求めます。こうして、フィルター1を用いた畳み込みの結果が得られます。（これらの数値の数学的な意味については付録Cを参照してください。）

一般に、フィルターkを用いた畳み込みの結果は次のように表現できます。ここで、i、jはフィルターを掛ける入力層の先頭の行と列の番号です（i、jは4以下の自然数）。

$$c_{ij}^{Fk} = w_{11}^{Fk} x_{ij} + w_{12}^{Fk} x_{ij+1} + w_{13}^{Fk} x_{ij+2} + \cdots + w_{33}^{Fk} x_{i+2\,j+2}$$

こうして得られる数値の集まりが**特徴マップ**（feature map）を形成します。
この畳み込みの値にi、jに依存しない数 b^{Fk} を加えてみましょう。

$$z_{ij}^{Fk} = w_{11}^{Fk} x_{ij} + w_{12}^{Fk} x_{ij+1} + w_{13}^{Fk} x_{ij+2} + \cdots + w_{33}^{Fk} x_{i+2\,j+2} + b^{Fk} \quad \cdots (1)$$

入力層（画像データ）

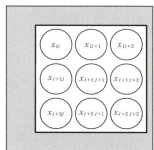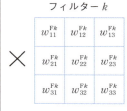

入力層の該当領域とフィルターとを掛け合わせ、バイアスを加えたものが(1)

この z_{ij}^{Fk} を重み付き入力とするユニットが考えられますが、そのユニットの集まりが畳み込み層の1シートを形作ります。b^{Fk} は畳み込み層に共通なバイアスです。

活性化関数を $a(z)$ とすると、この重み付き入力 z_{ij}^{Fk} に対するユニットの出力 a_{ij}^{Fk} は次のように表現できます。

$$a_{ij}^{Fk} = a(z_{ij}^{Fk}) \quad \cdots (2)$$

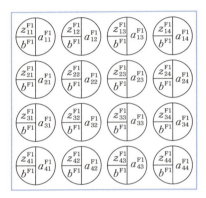

(1)(2) の変数、パラメータの関係。畳み込み層の1枚目を構成するユニット群。各ユニットの重み付き入力は(1)、その出力は(2)。共通したバイアスを持つことに注意。なお、この図の記法は3章§1の約束に従う。

問 この畳み込み層1枚目の1行2列にあるユニットの重み付き入力 z_{12}^{F1} とその出力 a_{12}^{F1} を式として書き下してみましょう。活性化関数はシグモイド関数とします。

解 $z_{12}^{F1} = w_{11}^{F1} x_{12} + w_{12}^{F1} x_{13} + w_{13}^{F1} x_{14} + w_{21}^{F1} x_{22} + w_{22}^{F1} x_{23} + w_{23}^{F1} x_{24}$
$\qquad + w_{31}^{F1} x_{32} + w_{32}^{F1} x_{33} + w_{33}^{F1} x_{34} + b^{F1}$

$a_{12}^{F1} = \dfrac{1}{1 + \exp(-z_{12}^{F1})}$ **答**

③ 畳み込みニューラルネットワークの変数の関係式

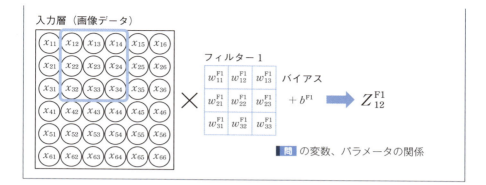

問 の変数、パラメータの関係

プーリング層

畳み込みニューラルネットワークでは、畳み込み層の情報を縮約するプーリング層を設けます。§1、2では2×2ユニットを1ユニットにまとめましたが、その縮約したユニットの集まりがプーリング層を形成します。

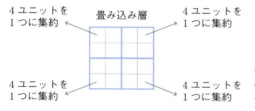

プーリング層の情報縮約法。
いま調べている畳み込み層は4×4のユニットから構成されているが、それを2×2ずつ1つにまとめる。

多くの文献でも、ここで調べているように、特徴マップの2×2ユニットを一つのユニットに縮約しています。1回のプーリングを行うことで、特徴マップのユニット数は4分の1に縮約されます。

(注) 既述のように、2×2の大きさに必然性はありません。

さて、その縮約の仕方にはいくつかの方法があります。有名なものとして**最大プーリング**が挙げられます。次図のように、例えば4つのユニット出力a_{11}、a_{12}、a_{21}、a_{22}の中の最大値を代表として選抜する方法です。

例2 下図左が畳み込み層の出力値のとき、右が最大プーリングの結果です。

畳み込み層の出力

0.27	0.12	0.05	0.12
0.05	0.05	0.12	0.27
0.05	0.05	0.50	0.05
0.05	0.50	0.12	0.12

プーリング →

0.27	0.27
0.50	0.50

最大プーリング

　プーリング層もニューラルネットワークの観点からするとユニットの集まりです。しかし、作り方からわかるように、そのユニットは数学的に単純です。通常のユニットが前の層のユニットから「重み付き入力」を受け取るのに対して、プーリング層のユニットはその重みやバイアスの概念がありません。すなわち、モデルを定めるパラメータを持たないのです。

　更に、活性化関数という概念もありません。入力と出力が同一値なのです。敢えて数学的にいえば、活性化関数 $a(x)$ は恒等関数 $a(x)=x$ となります。この特性は出力層のユニットに似ています。

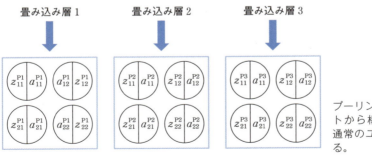

プーリング層はユニットから構成されるが、通常のユニットと異なる。

　以上のプーリング層の性質を敢えて公式化すると、次のように表現できます。ここで、k はプーリング層のシート番号、i, j はそれが指定するパラメータが意味をもつ範囲で動く整数です。

3 畳み込みニューラルネットワークの変数の関係式

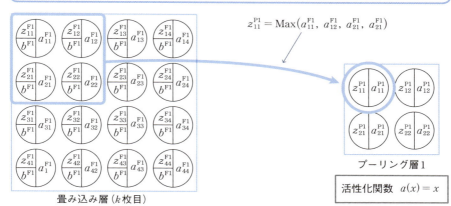

$$
\left.
\begin{aligned}
z_{ij}^{Pk} &= \mathrm{Max}(a_{2i-1\,2j-1}^{Pk},\ a_{2i-1\,2j}^{Pk},\ a_{2i\,2j-1}^{Pk},\ a_{2i\,2j}^{Pk}) \\
a_{ij}^{Pk} &= z_{ij}^{Pk}
\end{aligned}
\right\} \cdots (3)
$$

プーリング層のユニットが受け取る入力には重みやバイアスの概念がない。活性化関数は $a(x)=x$ と考えられる。例えば、$a_{11}^{P1} = z_{11}^{P1}$。

出力層

　出力層には、手書き数字の「1」「2」「3」を識別するために、3つのユニットを用意します。3、4章のときと同様、下の層（プーリング層）の全ユニットから矢を受けます（すなわち全結合します）。こうすることで、プーリング層のユニット情報を総合的に調べることができます。

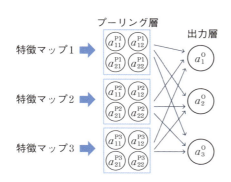

プーリング層のユニットと出力層のユニットは全結合。ここでは図のユニット名は出力変数名を利用（矢は12×3本あるが、略している）。

この図を定式化してみましょう。出力層の n 番目のユニット（$n=1$, 2, 3）に対して、その重み付き入力は次のように表されます。

$$z_n^O = w_{1-11}^{On} a_{11}^{P1} + w_{1-12}^{On} a_{12}^{P1} + \cdots + w_{2-11}^{On} a_{11}^{P2} + w_{2-12}^{On} a_{12}^{P2} + \cdots$$
$$+ w_{3-11}^{On} a_{11}^{P3} + w_{3-12}^{On} a_{12}^{P3} + \cdots + b_n^O \quad \cdots (4)$$

ここで、係数 w_{k-ij}^{On} は出力層 n 番目のユニットがプーリング層のユニット出力 a_{ij}^{Pk}（$k=1$, 2, 3、$i=1$, 2、$j=1$, 2）に与える重みです。また、b_n^O は出力層 n 番目のユニットのバイアスです。

例3 z_1^O を具体的に書き下してみましょう。

$$z_1^O = w_{1-11}^{O1} a_{11}^{P1} + w_{1-12}^{O1} a_{12}^{P1} + \cdots + w_{2-11}^{O1} a_{11}^{P2} + w_{2-12}^{O1} a_{12}^{P2} + \cdots$$
$$+ w_{3-11}^{O1} a_{11}^{P3} + w_{3-12}^{O1} a_{12}^{P3} + \cdots + b_1^O$$

z_1^O を書き下すための変数とパラメータの関係の略図。

出力層にあるユニットの出力を考えましょう。これは畳み込みニューラルネットワーク全体の出力となります。出力層の n 番目のユニットの出力値を a_n^O とし、活性化関数を $a(z)$ とすると、

$$a_n^O = a(z_n^O) \quad \cdots (5)$$

a_n^O（$n=1$, 2, 3）の中で最大となる n が判定数字になります。

コスト関数 C_T を求める

今考えているニューラルネットワークにおいては、出力層のユニット出力は a_1^O、a_2^O、a_3^O の3つです。それに対応して学習データには正解があります。それを t_1、t_2、t_3 と置きます。(3章§3、及び本節最初に示した表を参照してください。)。すると、2乗誤差 C は次のように表せます。

$$C = \frac{1}{2}\{(t_1-a_1^O)^2+(t_2-a_2^O)^2+(t_3-a_3^O)^2\} \cdots (6)$$

(注) 係数1/2は微分計算を簡潔にするためです。文献によって異なるときがありますが、この係数で結論が変わることはありません。なお、2乗誤差については、2章§12、3章§4も参照してください。

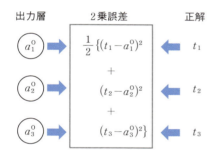

本書は誤差関数として2乗誤差を採用。
t_1 は数字画像「1」が読まれたとき1に、
t_2 は数字画像「2」が読まれたとき1に、
t_3 は数字画像「3」が読まれたとき1に、
それ以外は0になる正解の変数。

これから、k 番目の学習画像が入力されたときの2乗誤差の値を C_k とおくと、これは次のように表せます。

$$C_k = \frac{1}{2}\{(t_1[k]-a_1^O[k])^2+(t_2[k]-a_2^O[k])^2+(t_3[k]-a_3^O[k])^2\}$$

(注) 変数につけた [k] の表記については、3章§1を参照してください。

学習データ全体についての2乗誤差の総和がコスト関数 C_T です。したがって、いま考えているニューラルネットワークの**コスト関数** C_T は次のように求められます。

$$C_T = C_1 + C_2 + \cdots + C_{96} \cdots (7)$$

(注) 96は **例題** の題意にある学習画像の枚数です。

こうして、計算の主役になるコスト関数C_Tが得られました。数学的な目標は、このコスト関数C_Tを最小にするパラメータを求めること、すなわちC_Tを最小にする重みとバイアス、そして畳み込みニューラルネットワークの特徴となるフィルターの成分を求めることです。

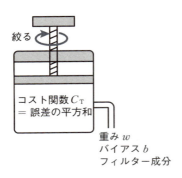

数学的な目標はパラメータの最適化。重みとバイアス、フィルターの成分の決定原理は回帰分析と同一。コスト関数C_Tを最小にするのが最良なパラメータ、という考え方が「最適化」である。

計算でモデルの有効性を確認

何度も繰り返しますが、これまでに作成した畳み込みニューラルネットワークがデータ解析に役立つか否かは、実際にこのモデルを用いて計算し、与えられたデータを上手に説明できるか否かにかかっています。

次節では、これまでの議論を確かめたるため、Excelの用意した最適化ツール（ソルバー）を利用して、直接コスト関数を最小化し、その際のフィルターと重み、バイアスを求めてみましょう。

> **メモ　L2プーリング**
>
> 本節の解説では、プーリングの方法として最大プーリングを利用しました。対象の領域の最大値を代表値として採用する情報の縮約法です。ところで、プーリング方法には色々あります。有名なものを次の表に記載します。
>
> | 名称 | 解説 |
> |---|---|
> | 最大プーリング | 対象の領域の最大値を採用する縮約法。 |
> | 平均プーリング | 対象の領域の平均値を採用する縮約法。 |
> | L2プーリング | 例えば、4つのユニット出力a_1, a_2, a_3, a_4に対して$\sqrt{a_1^2+a_2^2+a_3^2+a_4^2}$を採用する縮約法。 |

4 Excelを用いて畳み込みニューラルネットワークを体験

これまで調べてきた畳み込みニューラルネットワークが実際に機能することを、Excelで確かめましょう。シート上でこれまでの議論の流れを追ってください。

Excelを用いて畳み込みニューラルネットワークを決定

次の 例題 に対して、Excelを用いて畳み込みニューラルネットワークを決定します。

> 例題 §3 例題 で調べた畳み込みニューラルネットワークについて、そのフィルター、重み、バイアスを決定しましょう。学習データの画像例96枚は付録Bに掲載しました。

(注) コスト関数は2乗誤差 C の総和を、活性化関数はシグモイド関数を、そしてプーリングは最大プーリングを利用します。

ステップを追いながら計算を進めましょう。

① 学習用の画像データの読み込み

畳み込みニューラルネットワークを学習させるためには、学習データが必要です。そこで、下図のようにワークシートに画像を読み込みます。

この図のように数字画像をワークシート上に格納。

モノクロ2階調の画像なので、画像の網の部分を1に、白の部分を0にしています。正解は変数t_1、t_2、t_3に代入しています。学習画像が数字1のとき$t_1=1$、数字2のとき$t_2=1$、数字3のとき$t_3=1$で、他は0の値をとります。

なお、学習用画像データは下図のように全てを計算用のワークシート上に置きます。

学習データは計算用のシートにまとめて読み込む

I	J	K	L	M	N	O	P	Q	VJ	VK	VL	VM	VN	VO
	番号		1						96					
入力層	ビットパターン		0	0	0	1	0	0	0	0	1	1	1	0
			0	0	0	1	0	0	0	1	0	0	1	1
			0	0	0	1	0	0	0	0	0	1	1	0
			0	0	0	1	0	0	0	0	0	0	1	0
			0	0	0	1	0	0	0	1	0	0	1	1
			0	0	0	1	0	0	0	0	1	1	1	0
	正解	t_1	1						0					
		t_2	0						0					
層		t_3	0						1					

(注) 図の列P、列Qのように、画像の右2画素分は表示幅を狭めています。

② パラメータの初期値の設定

フィルター、重み、バイアスの初期値を設定します。ここでは標準正規分布から得られる正規乱数(→2章 §1)を利用しています。

(注) ソルバーの実行結果が収束しないときには、初期値を入れ替えてください。

フィルター、重み、バイアスの初期値。正規乱数を利用して入力

	B	C	D	E	F	G
10						
11				1	2	3
12	畳み込み層	フィルター	F1	−1.277	−0.454	0.358
13				1.138	−2.398	−1.664
14				−0.794	0.899	0.675
15			F2	−1.274	2.338	2.301
16				0.649	−0.339	−2.054
17				−1.022	−1.204	−1.900
18			F3	−1.869	2.044	−1.290
19				−1.710	−2.091	−2.946
20				0.201	−1.323	0.207
21		FM bias		−3.363	−3.176	−1.739
22	出力層の重みとバイアス	z^O_1	P1	−0.276	0.124	
23				−0.961	0.718	
24			P2	−3.680	−0.594	
25				0.280	−0.782	
26			P3	−1.475	−2.010	
27				−1.085	−0.188	
28		z^O_2	P1	0.010	0.661	
29				−1.591	2.189	
30			P2	1.728	0.003	
31				−0.250	1.898	
32			P3	0.238	1.589	
33				2.246	−0.093	
34		z^O_3	P1	−1.322	−0.218	
35				3.527	0.061	
36			P2	0.613	0.218	
37				−2.130	−1.678	
38			P3	1.236	−0.486	
39				−0.144	−1.235	
40		O層 bias		2.060	−2.746	−1.818

③ 1番目の画像から各種変数値を算出

現在のフィルター、重み、バイアスをもとに、1番目の画像について、各ユニットの重み付き入力の値や出力値、2乗誤差Cの値を算出します。計算式は§3を利用します。

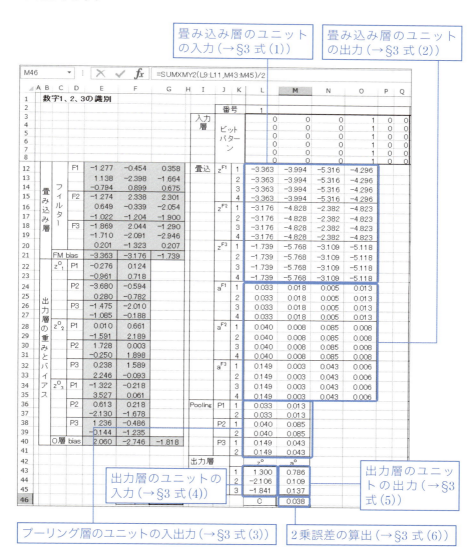

④ ③で作成した関数群を全データにコピー

　1番目の画像を処理するために埋め込んだ関数群を、最後の画像例（この**例題**では96番目）まで、コピーします。

				L	M	N	O	P	Q		VJ	VK	VL	VM	VN	VO
		番号		1							96					
入力層		ビットパターン		0	0	0	1	0	0		0	0	1	1	1	0
				0	0	0	1	0	0		0	1	0	0	1	1
				0	0	0	1	0	0		0	0	0	0	1	0
				0	0	0	1	0	0		0	1	0	0	1	0
				0	0	0	1	0	0		0	0	1	1	1	0
	正解	t_1		1							0					
		t_2		0							0					
		t_3		0							1					
畳込層	z^{F1}		1	-3.363	-3.994	-5.316	-4.296				-5.403	-1.645	-4.826	-9.052		
			2	-3.363	-3.994	-5.316	-4.296				-3.817	-6.304	-6.391	-3.820		
			3	-3.363	-3.994	-5.316	-4.296				-2.464	-3.799	-4.448	-5.918		
			4	-3.363	-3.994	-5.316	-4.296				-5.085	-0.651	-3.889	-7.775		
	z^{F2}		1	-3.176	-4.828	-2.382	-4.823				-1.214	0.213	-4.969	-6.732		
			2	-3.176	-4.828	-2.382	-4.823				-0.838	-6.504	-5.168	0.569		
			3	-3.176	-4.828	-2.382	-4.823				-4.381	-1.897	-2.490	-5.556		
			4	-3.176	-4.828	-2.382	-4.823				-5.415	-5.631	-7.055	-5.458		
	z^{F3}		1	-1.739	-5.768	-3.109	-5.118				-5.120	-2.488	-6.916	-7.723		
			2	-1.739	-5.768	-3.109	-5.118				0.305	-6.554	-7.859	-6.109		
			3	-1.739	-5.768	-3.109	-5.118				-3.062	-2.828	-3.724	-4.771		
			4	-1.739	-5.768	-3.109	-5.118				-3.623	-4.565	-6.890	-5.853		
	a^{F1}		1	0.033	0.018	0.005	0.013				0.004	0.162	0.008	0.000		
			2	0.033	0.018	0.005	0.013				0.022	0.002	0.002	0.021		
			3	0.033	0.018	0.005	0.013				0.078	0.022	0.012	0.003		
			4	0.033	0.018	0.005	0.013				0.006	0.343	0.020	0.000		
	a^{F2}		1	0.040	0.008	0.085	0.008				0.229	0.553	0.007	0.001		
			2	0.040	0.008	0.085	0.008				0.302	0.001	0.006	0.638		
			3	0.040	0.008	0.085	0.008				0.012	0.130	0.077	0.004		
			4	0.040	0.008	0.085	0.008				0.004	0.004	0.001	0.004		
	a^{F3}		1	0.149	0.003	0.043	0.006				0.006	0.077	0.001	0.000		
			2	0.149	0.003	0.043	0.006				0.576	0.001	0.000	0.002		
			3	0.149	0.003	0.043	0.006				0.045	0.056	0.024	0.008		
			4	0.149	0.003	0.043	0.006				0.026	0.010	0.001	0.003		
Pooling	P1		1	0.033	0.013						0.162	0.021				
			2	0.033	0.013						0.343	0.020				
	P2		1	0.040	0.085						0.553	0.638				
			2	0.040	0.085						0.130	0.077				
	P3		1	0.149	0.043						0.576	0.002				
			2	0.149	0.043						0.056	0.024				
出力層		z^o	a^o								z^o	a^o				
			1	1.300	0.786						-1.654	0.161				
			2	-2.106	0.109						-1.898	0.130				
			3	-1.841	0.137						-0.081	0.480				
			C		0.038						C	0.157				

96枚分、画像をコピー

　1番目の画像処理のために埋め込んだ関数群を、学習データ（96枚の画像）すべてにわたってコピーする。

⑤ コスト関数 C_T の値を算出

§3 式 (7) を利用して、コスト関数 C_T の値を求めます。

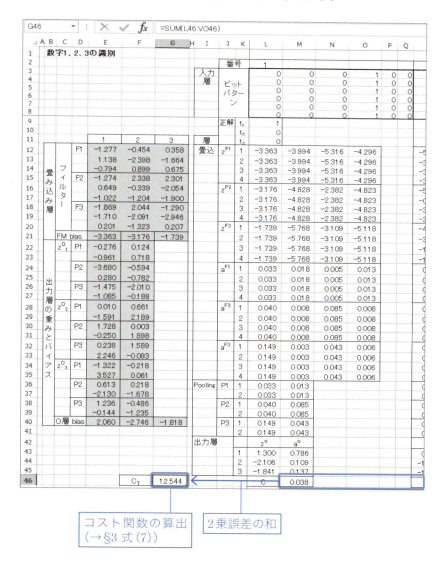

コスト関数の算出
(→ §3 式 (7))

2乗誤差の和

⑥ ソルバーを利用して最適化を実行

Excelの標準アドイン「ソルバー」を利用し、コスト関数 C_T の最小値を算出します。下図のようにセル番地を設定し、ソルバーを実行します。

ソルバーの設定

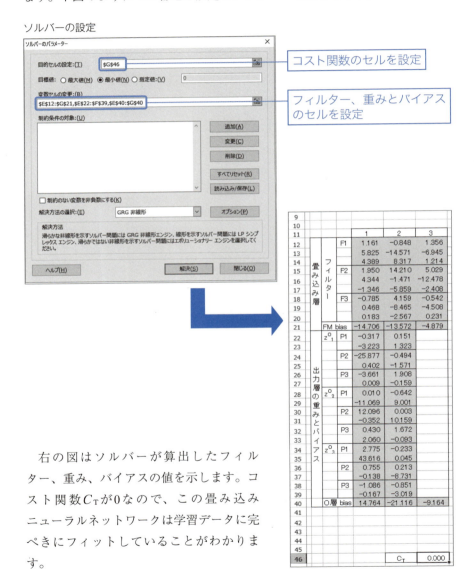

右の図はソルバーが算出したフィルター、重み、バイアスの値を示します。コスト関数 C_T が0なので、この畳み込みニューラルネットワークは学習データに完ぺきにフィットしていることがわかります。

テストしよう

⑥で得たフィルター、重み、バイアスが畳み込みニューラルネットワークを決定します。それが正しく機能するかを確認するために、例えば右の画像を入力してみましょう。すると判定は数字「1」となりました。人間の感性と一致しています。

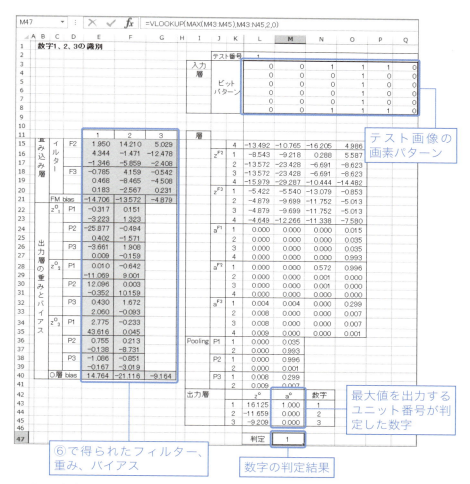

Iのような数字1を入力した例。それでも2、3ではなく、1と判定している。

5　畳み込みニューラルネットワークと誤差逆伝播法

4章では、多層からなるのニューラルネットワークについて、誤差逆伝播法の仕組みとその計算法を調べました。ここでは、畳み込みニューラルネットワークについて、誤差逆伝播法の計算法を調べます。数学的な仕組みは、4章で調べた誤差逆伝播法と変わりません。これまで調べてきた次の具体例で話を進めます。

> **例題**　6×6画素からなる画像で読み取られた手書きの数字1、2、3を識別するニューラルネットワークを作成しましょう。ただし、フィルターは3種とし、その大きさは3×3とします。また、画素はモノクロ2階調とし、学習データは96枚用意されています。

関係式の確認

この **例題** に対して、下図に示す畳み込みニューラルネットワークを作成し、解説を進めてきました。このネットワークに関して、これまで調べてきた関係式をまとめてみましょう。

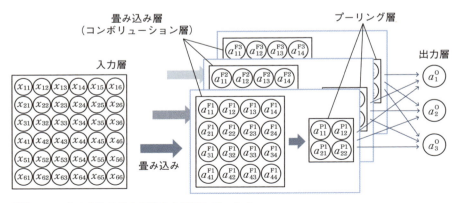

(注) ユニットの名称は出力変数名を利用しています。

<畳み込み層> k を畳み込み層のシート番号、i、j (i, $j=1$, 2, 3, 4) を画像におけるスキャン開始の先頭の行と列番号として、次の関係が成立します (→ §3 式 (1)(2))。$a(z)$ は活性化関数を表しています。

$$\left.\begin{aligned}
z_{ij}^{Fk} &= w_{11}^{Fk} x_{ij} + w_{12}^{Fk} x_{ij+1} + w_{13}^{Fk} x_{ij+2} \\
&\quad + w_{21}^{Fk} x_{i+1j} + w_{22}^{Fk} x_{i+1j+1} + w_{23}^{Fk} x_{i+1j+2} \\
&\quad + w_{31}^{Fk} x_{i+2j} + w_{32}^{Fk} x_{i+2j+1} + w_{33}^{Fk} x_{i+2j+2} + b^{Fk} \\
a_{ij}^{Fk} &= a(z_{ij}^{Fk})
\end{aligned}\right\} \cdots (1)$$

<プーリング層> k をプーリング層のシート番号 ($k=1$, 2, 3)、i、j をその層におけるユニットの行と列番号として (i, $j=1$, 2)、次の関係が成立します (最大プーリングの場合) (→ §3 式 (3))。

$$\left.\begin{aligned}
z_{ij}^{Pk} &= \mathrm{Max}(a_{2i-12j-1}^{Pk}, a_{2i-12j}^{Pk}, a_{2i2j-1}^{Pk}, a_{2i2j}^{Pk}) \\
a_{ij}^{Pk} &= z_{ij}^{Pk}
\end{aligned}\right\} \cdots (2)$$

(注) Max 関数は ( ) 内の最大の項の値を出力する関数です。

<出力層> n を出力層のユニット番号 ($n=1$, 2, 3) として (→ §3 式 (4)(5))、次の関係が成立します。$a(z)$ は活性化関数を表しています。

$$\left.\begin{aligned}
z_n^O &= w_{1-11}^{On} a_{11}^{P1} + w_{1-12}^{On} a_{12}^{P1} + w_{1-21}^{On} a_{21}^{P1} + w_{1-22}^{On} a_{22}^{P1} \\
&\quad + w_{2-11}^{On} a_{11}^{P2} + w_{2-12}^{On} a_{12}^{P2} + w_{2-21}^{On} a_{21}^{P2} + w_{2-22}^{On} a_{22}^{P2} \\
&\quad + w_{3-11}^{On} a_{11}^{P3} + w_{3-12}^{On} a_{12}^{P3} + w_{3-21}^{On} a_{21}^{P3} + w_{3-22}^{On} a_{22}^{P3} + b_n^O \\
a_n^O &= a(z_n^O)
\end{aligned}\right\} \cdots (3)$$

<2乗誤差> t_1、t_2、t_3 を学習データの正解を与える変数とすると、2乗誤差を表す変数 C は、次の関係が成立します (→ §3 式 (6))。

$$C = \frac{1}{2}\{(t_1 - a_1^O)^2 + (t_2 - a_2^O)^2 + (t_3 - a_3^O)^2\} \cdots (4)$$

勾配降下法が基本

4章で調べたニューラルネットワークのパラメータの決定に勾配降下法が適用されました。同様に、畳み込みニューラルネットワークのパラメータ決定にも勾配降下法が基本となります。C_Tをコスト関数として、そのための勾配降下法の基本公式は次のように表現されます（→2章§10）。

$$(\varDelta w_{11}^{F1}, \cdots, \varDelta w_{1-11}^{O1}, \cdots, \varDelta b_1^2, \cdots, \varDelta b_1^O, \cdots)$$
$$= -\eta \left(\frac{\partial C_T}{\partial w_{11}^{F1}}, \cdots, \frac{\partial C_T}{\partial w_{1-11}^{O1}}, \cdots, \frac{\partial C_T}{\partial b^{F1}}, \cdots, \frac{\partial C_T}{\partial b_1^O} \cdots \right) \cdots (5)$$

右辺の( )は「コスト関数C_Tの勾配」ですが、ここに略記したように、フィルターに関する偏微分、重みに関する偏微分、そしてバイアスに関する偏微分を成分にしています（成分は合計69個）。

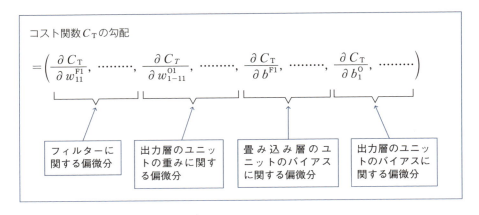

4章で調べたように、この勾配の偏微分の計算は骨が折れます。そこで、考え出されたのが誤差逆伝播法です。勾配成分の偏微分計算を最小限に抑えて、漸化式で計算を進める数学的技法です。

変数記号に付ける画像番号の省略

式(5)を見ればわかるように、勾配計算はコスト関数C_Tが目標になります。学習データのk番目の画像から得られる2乗誤差(4)の値をC_kと置くと、このコスト関数C_Tは次のように求められます。

$$C_T = C_1 + C_2 + \cdots + C_{96}\ (96は学習データの画像の枚数) \quad \cdots(6)$$

ところで、この式(6)を見ればわかるように、コスト関数C_Tは学習データの個々の画像から得られる2乗誤差(4)の和です。4章§1でも調べましたが、コスト関数C_Tの偏微分を求めるには、この式(4)を偏微分してから画像例を代入し、学習データすべてについて和をとればよいことになります。従って、これからは式(4)を対象にしたコスト関数の計算を考えます。

例1 式(5)右辺の勾配成分$\dfrac{\partial C_T}{\partial w_{11}^{F1}}$を求めるには、式(6)の$C_T$を求めてから偏微分するのは無駄です。まず式(4)の2乗誤差Cの偏微分を計算し、その式に画像例を代入した$\dfrac{\partial C_k}{\partial w_{11}^{F1}}$($k=1, 2, \cdots, 96$(96は全画像数))を算出し、最後にデータ全体について合計すればよいのです。偏微分の計算回数は激減します。

[計算法1]（偏微分の回数は96）

式(4)のCに
データ代入 $\longrightarrow$ $C_T = C_1 + C_2 + \cdots + C_{96}$ $\longrightarrow$ $\dfrac{\partial C_T}{\partial w_{11}^{F1}} = \dfrac{\partial C_1}{\partial w_{11}^{F1}} + \dfrac{\partial C_2}{\partial w_{11}^{F1}} + \cdots + \dfrac{\partial C_{96}}{\partial w_{11}^{F1}}$

[計算法2]（偏微分の回数は1）

式(4)のCを
偏微分 $\longrightarrow$ $\dfrac{\partial C}{\partial w_{11}^{F1}}$ にデータ代入 $\longrightarrow$ $\dfrac{\partial C_T}{\partial w_{11}^{F1}} =$ データ代入後の和

計算法2を利用すると、微分の計算は激減。

以下では、この**例1**に示したシナリオで計算を進めます。したがって、画像番号kは、必要なとき以外、関係式には表示しません。

記号 δ^l_i の導入と偏微分の関係

4章のときと同様、誤差逆伝播法では、「ユニットの誤差」と呼ばれるδ記号を導入します。いま調べている 例題 では「ユニットの誤差」δには2種あります。一つは δ^{Fk}_{ij} の形式で、畳み込み層k枚目のi行j列にある「ユニットの誤差」を表します。またもう一つは δ^O_n の形式で、出力層のn番目にある「ユニットの誤差」を表します。4章で調べた時と同様、これらは「重み付き入力」z^{Fk}_{ij}、z^O_j（→式(1)(3)）についての偏微分で定義されます。

$$\delta^{Fk}_{ij} = \frac{\partial C}{\partial z^{Fk}_{ij}}, \quad \delta^O_n = \frac{\partial C}{\partial z^O_n} \quad \cdots (7)$$

例2　$\delta^{F1}_{11} = \dfrac{\partial C}{\partial z^{F1}_{11}}$（畳み込み層1枚目1行1列目のユニットの誤差）

$\delta^O_1 = \dfrac{\partial C}{\partial z^O_1}$（出力層の1番目のユニットの誤差）

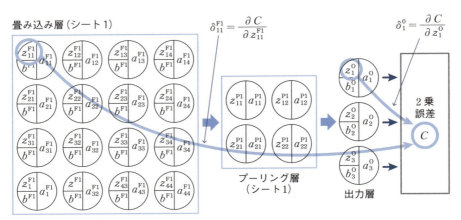

例2 の変数の位置関係（ユニットの表記は3章§1を参照しよう）。

ニューラルネットワークのときと同様（→4章）、2乗誤差Cのパラメータに関する偏微分はこれらユニットの誤差δで簡潔に表現されます。次に、このことに

出力層のユニットに関する勾配成分を δ_j^l で表現

式(3)、(7)と偏微分のチェーンルール(→2章§8)を用いて、次の 例3 例4 の計算ができます。

例3 $\quad \dfrac{\partial C}{\partial w_{2-21}^{O1}} = \dfrac{\partial C}{\partial z_1^O} \dfrac{\partial z_1^O}{\partial w_{2-21}^{O1}} = \delta_1^O a_{21}^{P2}$

例4 $\quad \dfrac{\partial C}{\partial b_1^O} = \dfrac{\partial C}{\partial z_1^O} \dfrac{\partial z_1^O}{\partial b_1^O} = \delta_1^O$

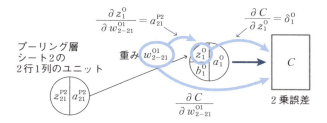

例3 の変数とパラメータの関係図。

例3、例4 は公式として次のように一般化できます。ここで、n を出力層にあるユニット番号、k をプーリング層のシート番号、i、j はフィルターの行と列の番号 (i、$j=1$, 2) とします。

$$\dfrac{\partial C}{\partial w_{k-ij}^{On}} = \delta_n^O a_{ij}^{Pk}、\quad \dfrac{\partial C}{\partial b_n^O} = \delta_n^O \quad \cdots (8)$$

畳み込み層のユニットに関する勾配成分を δ_j^l で表現

畳み込み層のユニットに関して調べます。例としてフィルター成分 w_{11}^{F1} の偏微分を取り上げてみます。まず、式(1)から、

$$z_{11}^{F1} = w_{11}^{F1}x_{11} + w_{12}^{F1}x_{12} + w_{13}^{F1}x_{13} + w_{21}^{F1}x_{21} + w_{22}^{F1}x_{22} + w_{23}^{F1}x_{23}$$
$$+ w_{31}^{F1}x_{31} + w_{32}^{F1}x_{32} + w_{33}^{F1}x_{33} + b^{F1}$$
$$z_{12}^{F1} = w_{11}^{F1}x_{12} + w_{12}^{F1}x_{13} + w_{13}^{F1}x_{14} + w_{21}^{F1}x_{22} + w_{22}^{F1}x_{23} + w_{23}^{F1}x_{24}$$
$$+ w_{31}^{F1}x_{32} + w_{32}^{F1}x_{33} + w_{33}^{F1}x_{34} + b^{F1}$$
……
$$z_{44}^{F1} = w_{11}^{F1}x_{44} + w_{12}^{F1}x_{45} + w_{13}^{F1}x_{46} + w_{21}^{F1}x_{54} + w_{22}^{F1}x_{55} + w_{23}^{F1}x_{56}$$
$$+ w_{31}^{F1}x_{64} + w_{32}^{F1}x_{65} + w_{33}^{F1}x_{66} + b^{F1}$$

これらを利用して、次の式が得られます。

$$\frac{\partial z_{11}^{F1}}{\partial w_{11}^{F1}} = x_{11}、\frac{\partial z_{12}^{F1}}{\partial w_{11}^{F1}} = x_{12}、\cdots、\frac{\partial z_{44}^{F1}}{\partial w_{11}^{F1}} = x_{44} \quad \cdots (9)$$

また、チェーンルールから、

$$\frac{\partial C}{\partial w_{11}^{F1}} = \frac{\partial C}{\partial z_{11}^{F1}}\frac{\partial z_{11}^{F1}}{\partial w_{11}^{F1}} + \frac{\partial C}{\partial z_{12}^{F1}}\frac{\partial z_{12}^{F1}}{\partial w_{11}^{F1}} + \cdots + \frac{\partial C}{\partial z_{44}^{F1}}\frac{\partial z_{44}^{F1}}{\partial w_{11}^{F1}} \quad \cdots (10)$$

この(10)にδの定義式(7)と式(9)を代入して、

$$\frac{\partial C}{\partial w_{11}^{F1}} = \delta_{11}^{F1}x_{11} + \delta_{12}^{F1}x_{12} + \cdots + \delta_{44}^{F1}x_{44} \quad \cdots (11)$$

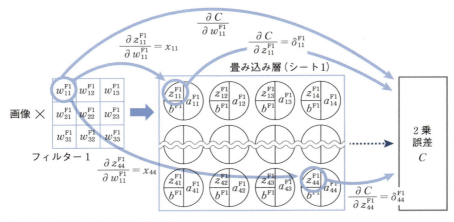

式(11)の右辺第1項と最後の項の変数の関係図。

(11)を他のフィルター成分に拡張するのは容易でしょう。kをフィルターの番号（これは畳み込み層の番号と同じ）、i, jはフィルターの行と列の番号（i、$j=1, 2, 3$）として、上記の式は次のように一般化できます。

$$\frac{\partial C}{\partial w_{ij}^{Fk}} = \delta_{11}^{Fk} x_{ij} + \delta_{12}^{Fk} x_{ij+1} + \cdots + \delta_{44}^{Fk} x_{i+3j+3} \quad \cdots (12)$$

(注) 画素数が6×6、フィルターが3×3サイズの格子のときの公式です。他の場合には上記公式をそれに合わせて変更する必要があります。

また、畳み込み層にあるユニットのバイアスによる偏微分は次のように求められます。畳み込み層の各シートにあるユニットのバイアスはすべて共通ですが、例えば1枚目の特徴マップについていえば、次の関係式が得られます。これは(12)と同様です。

$$\frac{\partial C}{\partial b^{F1}} = \frac{\partial C}{\partial z_{11}^{F1}} \frac{\partial z_{11}^{F1}}{\partial b^{F1}} + \frac{\partial C}{\partial z_{12}^{F1}} \frac{\partial z_{12}^{F1}}{\partial b^{F1}} + \cdots + \frac{\partial C}{\partial z_{44}^{F1}} \frac{\partial z_{44}^{F1}}{\partial b_{44}^{F1}}$$
$$= \delta_{11}^{F1} + \delta_{12}^{F1} + \cdots + \delta_{44}^{F1} \quad \cdots (13)$$

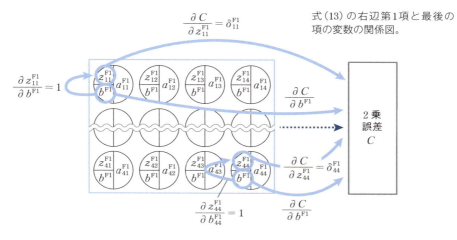

式(13)の右辺第1項と最後の項の変数の関係図。

この式(13)は、kを畳み込み層のシート番号として、次のように一般化できます。

要するに、畳み込み層のユニットのバイアスよる偏微分は、各畳み込み層のシートのすべてのユニットの誤差の和です。

$$\frac{\partial C}{\partial b^{Fk}} = \delta_{11}^{Fk} + \delta_{12}^{Fk} + \cdots + \delta_{33}^{Fk} + \cdots + \delta_{44}^{Fk} \quad \cdots (14)$$

(注) 画素数が6×6、フィルターが3×3サイズの格子のときの公式です。他の場合には上記公式をそれに合わせて変更する必要があります。

こうして、式(8)、(12)、(14)から、ユニットの誤差δが得られれば式(5)の勾配成分がすべて得られることがわかりました。次の課題は式(7)で定義されたユニットの誤差δの算出です。

出力層の δ を算出

ユニットの誤差δの算出法は、単純なニューラルネットワークのとき(→4章§3)と同様、「数列の漸化式」(→2章§2)の考え方を利用します。最初に出力層のユニットの誤差δを求め、次に漸化式で層を逆にたどって畳み込み層のユニットの誤差δを求めます。

では、最初に出力層のユニットの誤差δを求めましょう。活性化関数を$a(z)$とし、nをその層のユニット番号とすると、定義式(7)から

$$\delta_n^O = \frac{\partial C}{\partial z_n^O} = \frac{\partial C}{\partial a_n^O} \frac{\partial a_n^O}{\partial z_n^O} = \frac{\partial C}{\partial a_n^O} a'(z_n^O) \quad \cdots (15)$$

式(4)から、

$$\frac{\partial C}{\partial a_n^O} = a_n^O - t_n \quad (n = 1, 2, 3) \quad \cdots (16)$$

式(16)を式(15)に代入して、出力層のユニットの誤差が得られます。

$$\delta_n^O = (a_n^O - t_n) a'(z_n^O) \quad \cdots (17)$$

畳み込み層のユニット誤差 δ について「逆」漸化式作成

ニューラルネットワークのときと同様(→4章§3)、次にやるべきことは、「逆」漸化式を作成することです。例として、δ_{11}^{F1} について調べてみます。偏微分のチェーンルールから、

$$\delta_{11}^{F1} = \frac{\partial C}{\partial z_{11}^{F1}} = \frac{\partial C}{\partial z_1^O} \frac{\partial z_1^O}{\partial a_{11}^{P1}} \frac{\partial a_{11}^{P1}}{\partial z_{11}^{P1}} \frac{\partial z_{11}^{P1}}{\partial a_{11}^{F1}} \frac{\partial a_{11}^{F1}}{\partial z_{11}^{F1}}$$

$$+ \frac{\partial C}{\partial z_2^O} \frac{\partial z_2^O}{\partial a_{11}^{P1}} \frac{\partial a_{11}^{P1}}{\partial z_{11}^{P1}} \frac{\partial z_{11}^{P1}}{\partial a_{11}^{F1}} \frac{\partial a_{11}^{F1}}{\partial z_{11}^{F1}} + \frac{\partial C}{\partial z_3^O} \frac{\partial z_3^O}{\partial a_{11}^{P1}} \frac{\partial a_{11}^{P1}}{\partial z_{11}^{P1}} \frac{\partial z_{11}^{P1}}{\partial a_{11}^{F1}} \frac{\partial a_{11}^{F1}}{\partial z_{11}^{F1}} \cdots (18)$$

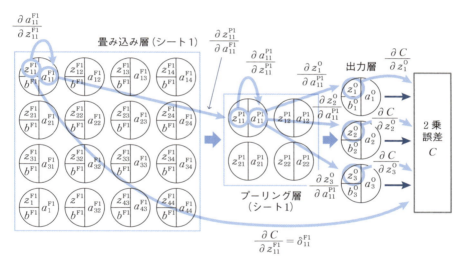

式(18)の右辺の変数の関係図。

式(18)において共通項をくくり出すと、次のように簡略化されます。

$$\delta_{11}^{F1} = \left\{ \frac{\partial C}{\partial z_1^O} \frac{\partial z_1^O}{\partial a_{11}^{P1}} + \frac{\partial C}{\partial z_2^O} \frac{\partial z_2^O}{\partial a_{11}^{P1}} + \frac{\partial C}{\partial z_3^O} \frac{\partial z_3^O}{\partial a_{11}^{P1}} \right\} \frac{\partial a_{11}^{P1}}{\partial z_{11}^{P1}} \frac{\partial z_{11}^{P1}}{\partial a_{11}^{F1}} \frac{\partial a_{11}^{F1}}{\partial z_{11}^{F1}} \cdots (19)$$

ここで、式(3)から、

$$\frac{\partial z_1^O}{\partial a_{11}^{P1}} = w_{1-11}^{O1}、\frac{\partial z_2^O}{\partial a_{11}^{P1}} = w_{1-11}^{O2}、\frac{\partial z_3^O}{\partial a_{11}^{P1}} = w_{1-11}^{O3} \cdots (20)$$

また、式(2)から

$a_{11}^{P1} = z_{11}^{P1}、z_{11}^{P1} = \mathrm{Max}(a_{11}^{F1}, a_{12}^{F1}, a_{21}^{F1}, a_{22}^{F1}) \cdots (21)$

この第1式から、$\dfrac{\partial a_{11}^{P1}}{\partial z_{11}^{P1}} = 1 \cdots (22)$

また、a_{11}^{F1}, a_{12}^{F1}, a_{21}^{F1}, a_{22}^{F1} はプーリングする際の1つのブロックを構成するので、$\mathrm{Max}(a_{11}^{F1}, a_{12}^{F1}, a_{21}^{F1}, a_{22}^{F1})$ は次のように表現できます。

$$\frac{\partial z_{11}^{P1}}{\partial a_{11}^{F1}} = \begin{cases} 1\ (\text{ブロック中で } a_{11}^{F1} \text{ が最大のとき}) \\ 0\ (\text{ブロック中で } a_{11}^{F1} \text{ が最大でないとき}) \end{cases} \cdots (23)$$

$\dfrac{\partial a_{11}^{F1}}{\partial z_{11}^{F1}}$ は $a'(z_{11}^{F1})$ とも書けるので、δ の定義式(7)、及び(20)〜(23)を式(19)に代入して、

$\delta_{11}^{F1} = \{\delta_1^O w_{1-11}^{O1} + \delta_2^O w_{1-11}^{O2} + \delta_3^O w_{1-11}^{O3}\} \times 1$
$\times (a_{11}^{F1} \text{ がブロック中最大のとき1, そうでないとき0}) \times a'(z_{11}^{F1}) \cdots (24)$

他のユニットの誤差についても同様に計算ができるので、この式は次のように一般化できます。

$\delta_{ij}^{Fk} = \{\delta_1^O w_{k-i'j'}^{O1} + \delta_2^O w_{k-i'j'}^{O2} + \delta_3^O w_{k-i'j'}^{O3}\}$
$\times (a_{ij}^{Fk} \text{ がブロック中最大のとき1, そうでないとき0}) \times a'(z_{ij}^{Fk}) \cdots (25)$

なお、k、i、j などの意味はこれまでと同様です。また、i'、j' は畳み込み層 i 番 j 列のユニットがつながるプーリング層のユニット位置を表します。

例5 $\delta^{F1}_{34} = \{\delta^O_1 w^{O1}_{1-22} + \delta^O_2 w^{O2}_{1-22} + \delta^O_3 w^{O3}_{1-22}\}$
$\times (a^{F1}_{34}$ がブロック中最大のとき1, そうでないとき0$) \times a'(z^{F1}_{34})$

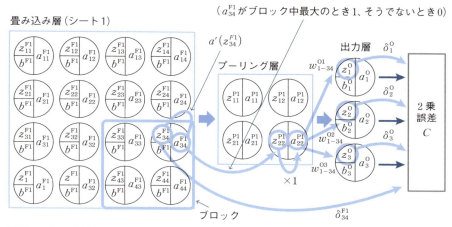

例5 に現れる変数の関係。

　こうして、出力層と畳み込み層とで定義されたユニットの誤差δの関係式(すなわち漸化式)が得られました。ところで、出力層のユニットの誤差δの値は式(17)で既に得られています。そこで、関係式(25)を利用すれば、畳み込み層のユニットの誤差δの値が微分計算をしなくても求められることになります。これが畳み込みニューラルネットワークの誤差逆伝播法の仕組みです。

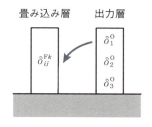

誤差逆伝播法の仕組み。
出力層のユニットの誤差δが求められていれば、畳み込み層のユニットの誤差δも簡単に求められる。

問 例5 の関係式を証明しましょう。

解 公式 (24) を証明したのと同様に、

$$\delta_{34}^{F1} = \frac{\partial C}{\partial z_{34}^{F1}} = \left\{ \frac{\partial C}{\partial z_1^O} \frac{\partial z_1^O}{\partial a_{22}^{P1}} + \frac{\partial C}{\partial z_2^O} \frac{\partial z_2^O}{\partial a_{22}^{P1}} + \frac{\partial C}{\partial z_3^O} \frac{\partial z_3^O}{\partial a_{22}^{P1}} \right\} \frac{\partial a_{22}^{P1}}{\partial z_{22}^{P1}} \frac{\partial z_{22}^{P1}}{\partial a_{34}^{F1}} \frac{\partial a_{34}^{F1}}{\partial z_{34}^{F1}}$$

$$\frac{\partial z_1^O}{\partial a_{22}^{P1}} = w_{1-22}^{O1}、\frac{\partial z_2^O}{\partial a_{22}^{P1}} = w_{1-22}^{O2}、\frac{\partial z_3^O}{\partial a_{22}^{P1}} = w_{1-22}^{O3}$$

$$a_{22}^{P1} = z_{22}^{P1}、z_{22}^{P1} = \mathrm{Max}(a_{33}^{F1}, a_{34}^{F1}, a_{43}^{F1}, a_{44}^{F1})$$

$$\frac{\partial a_{22}^{P1}}{\partial z_{22}^{P1}} = 1、\frac{\partial z_{22}^{P1}}{\partial a_{34}^{F1}} = \begin{cases} 1 \,(\text{ブロック中で } a_{34}^{F1} \text{ が最大のとき}) \\ 0 \,(\text{ブロック中で } a_{34}^{F1} \text{ が最大でないとき}) \end{cases}$$

$$\frac{\partial a_{34}^{F1}}{\partial z_{34}^{F1}} \text{ は } a'(z_{34}^{F1}) \text{ とも書けるので、以上から}$$

$$\delta_{34}^{F1} = \{\delta_1^O w_{1-22}^{O1} + \delta_2^O w_{1-22}^{O2} + \delta_3^O w_{1-22}^{O3}\} \times 1$$
$$\times (a_{34}^{F1} \text{ がブロック中最大のとき } 1,\ \text{そうでないとき } 0) \times a'(z_{34}^{F1})$$

これから、例5 の式が得られます。**終**

畳み込みニューラルネットワークの誤差逆伝播法をExcelで体験

4章で調べたニューラルネットワークと同様、畳み込みニューラルネットワークにも、誤差逆伝播法が利用できます。これまで調べてきた次の**例題**を利用して、Excelで実際に計算してみましょう。

(注) 計算のアルゴリズムは4章 §4に掲載した内容と同様です。

> **例題** §5で調べた **例題** の畳み込みニューラルネットワークについて、そのフィルター、重み、バイアスの値を決定しましょう。学習データの画像例96枚は付録Bに掲載しました。なお、活性化関数はシグモイド関数を用います。

この解答例となるニューラルネットワークは§1に、変数とパラメータの関係式は§5に掲載してあります。それでは、具体的に計算を進めましょう。

① 学習用の画像データの読み込み

畳み込みニューラルネットワークを学習させるためには、学習データが必要です。そこで、§4の①と同様に画像データを読み込みます。

H	I	J	K	L	M	N	O	P	Q	～	VJ	VK	VL	VM	VN	VO
		番号		1							96					
入力層		ビットパターン		0	0	0	0	1	0		0	0	1	1	1	0
				0	0	0	0	1	0		0	1	0	0	1	1
				0	0	0	0	1	0		0	0	0	0	0	1
				0	0	0	0	1	0		0	0	0	0	1	1
				0	0	0	0	1	0		0	1	0	0	0	1
				0	0	0	0	1	0		0	0	1	1	1	0
		正解	t_1	1							0					
			t_2	0							0					
層			t_3	0							1					

② フィルター成分、重み、バイアスの初期設定

これから定めるフィルターの成分、重みとバイアスは当然不明ですが、たたき台の初期値が必要です。そこで、正規乱数(→2章 §1)を利用して、初期値を設定します。また、小さい正の学習率 η も設定します。

223

5章 ディープラーニングと畳み込みニューラルネットワーク

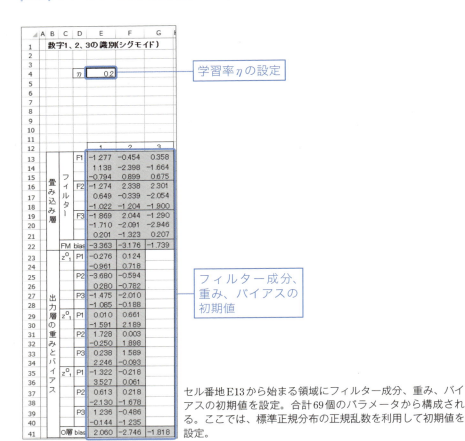

セル番地E13から始まる領域にフィルター成分、重み、バイアスの初期値を設定。合計69個のパラメータから構成される。ここでは、標準正規分布の正規乱数を利用して初期値を設定。

> **Memo メモ　学習率 η の設定**
>
> 4章でも調べたように、学習率 η の設定は試行錯誤によるところが大です。η が小さ過ぎると、コスト関数 C_T はなかなか最小値に届きません。意図しない深みにはまることもあります。また、大きいと、コスト関数 C_T が収束しない危険があります。目的はコスト関数 C_T の最小化なので、その C_T が十分小さくなるように、いろいろと値を変えて計算してみましょう。

③ ユニットの出力値、及び2乗誤差 C を算出

いま与えられているフィルターの成分、重み、バイアスを用いて、1番目の画像について、各ユニットの重み付き入力、その活性化関数の値、2乗誤差 C を求めます。

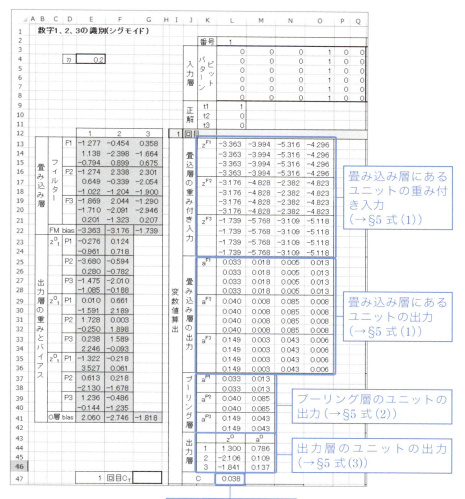

④ 誤差逆伝播法から各層のユニットの誤差 δ を計算。

まず、出力層の「ユニットの誤差」δ_n^O を計算します（→ §5 式(17)）。続けて、「逆」漸化式から δ_{ij}^{Fk} を計算します（→ §5 式(25)）。

⑤ ユニットの誤差から2乗誤差 C の偏微分を計算。

④で求めた δ から、2乗誤差 C のフィルター、重み、バイアスに関する偏微分の値を計算します。

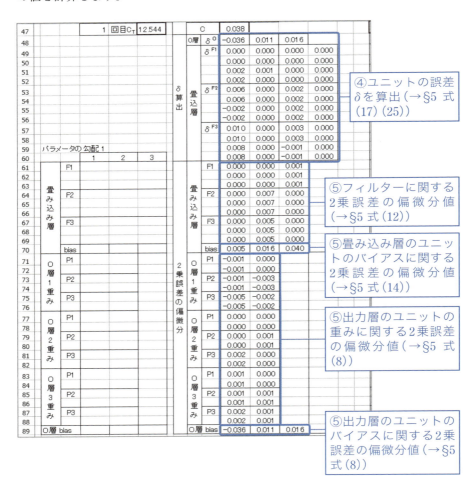

⑥ コスト関数 C_T とその勾配 ∇C_T を算出。

これまでは、学習データの代表として1番目の画像についてのみ考えました。目標はそれらを全データについて加え合わせたコスト関数 C_T とその勾配の値です。そこで、これまで作成したワークシートを学習データ96枚すべてについてコピーしなければなりません。

			L	M	N	O	…	VJ	VK	VL	VM
1回目		z^{F1}	−3.363	−3.994	−5.316	−4.296		−5.403	−1.645	−4.826	−9.052
	畳込層の重み付き入力		−3.363	−3.994	−5.316	−4.296		−3.817	−6.304	−6.391	−3.820
			−3.363	−3.994	−5.316	−4.296		−2.464	−3.799	−4.448	−5.918
			−3.363	−3.994	−5.316	−4.296		−5.085	−0.651	−3.889	−7.775
		z^{F2}	−3.176	−4.828	−2.382	−4.823		−1.214	0.213	−4.969	−6.732
			−3.176	−4.828	−2.382	−4.823		−0.838	−6.504	−5.168	0.569
			−3.176	−4.828	−2.382	−4.823		−4.381	−1.897	−2.490	−5.556
			−3.176	−4.828	−2.382	−4.823		−5.415	−5.631	−7.055	−5.458
		z^{F3}	−1.739	−5.768	−3.109	−5.118		−5.120	−2.488	−6.916	−7.723
			−1.739	−5.768	−3.109	−5.118		0.305	−6.554	−7.859	−6.109
			−1.739	−5.768	−3.109	−5.118		−3.062	−2.828	−3.724	−4.771
			−1.739	−5.768	−3.109	−5.118		−3.623	−4.565	−6.890	−5.853
変数値算出		a^{F1}	0.033	0.018	0.005	0.013		0.004	0.162	0.008	0.000
	畳み込み層の出力		0.033	0.018	0.005	0.013		0.022	0.002	0.002	0.021
			0.033	0.018	0.005	0.013		0.078	0.022	0.012	0.003
			0.033	0.018	0.005	0.013		0.006	0.343	0.020	0.000
		a^{F2}	0.040	0.008	0.085	0.008		0.229	0.553	0.007	0.001
			0.040	0.008	0.085	0.008		0.302	0.001	0.006	0.638
			0.040	0.008	0.085	0.008		0.012	0.130	0.077	0.004
			0.040	0.008	0.085	0.008		0.004	0.004	0.001	0.004
		a^{F3}	0.149	0.003	0.043	0.006		0.006	0.077	0.001	0.000
			0.149	0.003	0.043	0.006		0.576	0.001	0.000	0.002
			0.149	0.003	0.043	0.006		0.045	0.056	0.024	0.008
			0.149	0.003	0.043	0.006		0.026	0.010	0.001	0.003
	プーリング	a^{P1}	0.033	0.013				0.162	0.021		
			0.033	0.013				0.343	0.020		
		a^{P2}	0.040	0.085				0.553	0.638		
			0.040	0.085				0.130	0.077		
コストの偏微分		P3	−0.005	−0.002				0.012	0.000		
			−0.005	−0.002				0.001	0.001		
	〇層2重み	P1	0.000	0.000				0.002	0.000		
			0.000	0.000				0.005	0.000		
		P2	0.000	0.001				0.008	0.009		
			0.000	0.001				0.002	0.001		
		P3	0.002	0.000				0.009	0.001		
			0.002	0.000				0.001	0.000		
	〇層3重み	P1	0.001	0.000				−0.021	−0.003		
			0.001	0.001				−0.045	−0.003		
		P2	0.001	0.001				−0.072	−0.083		
			0.001	0.001				−0.017	−0.010		
		P3	0.002	0.001				−0.075	0.000		
			0.002	0.001				−0.007	−0.003		
	〇層	bias	−0.036	0.011	0.016			0.022	0.015	−0.130	

96の画像分、関数をコピー

5章 ディープラーニングと畳み込みニューラルネットワーク

96枚分のコピーが済んだなら、2乗誤差C、及び⑤で求めた2乗誤差Cのパラメータに関する偏微分を合計します。こうして、コスト関数の値と勾配が算出されます（→§5 式(6)）。

47		1回目C_T	12.544			0.038			
48					O層	δ^O	-0.036	0.011	0.016
49						δ^{F1}	0.000	0.000	0.000	0.000
50							0.000	0.000		
51							0.002	0.001		
52							0.002	0.000		
53				δ算出	畳込層	δ^{F2}	0.006	0.000		
54							0.006	0.000	0.002	0.000
55							-0.002	0.000	0.002	0.000
56							-0.002	0.000	0.002	0.000
57						δ^{F3}	0.010	0.000	0.003	0.000
58							0.010	0.000	0.003	0.000
59	パラメータの勾配1						0.008	0.000	-0.001	0.000
60		1	2	3			0.008	0.000	-0.001	0.000
61		F1	-0.017	-0.222	-2.295		F1	0.000	0.000	0.001
62			-3.465	0.036	0.144			0.000	0.000	0.001
63	畳み込み層		-1.755	-3.644	-3.020	畳み込み層		0.000	0.000	0.001
64		F2	-0.150	-1.798	-0.314		F2	0.000	0.007	0.000
65			-1.599	0.372	0.307			0.000	0.007	0.000
66			0.112	0.901	-0.346			0.000	0.007	0.000
67		F3	-0.044	-1.215	-0.024		F3	0.000	0.005	0.000
68			0.031	-0.228	0.022			0.000	0.005	0.000
69			-0.165	0.177	-0.640			0.000	0.005	0.000
70		bias	-2.950	-0.971	-1.156		bias	0.005	0.016	0.040
71	O層1重み	P1	0.057	-0.041		O層1重み	P1	-0.001	0.000	
72			0.151	-0.012				-0.001	0.000	
73		P2	0.235	-0.077			P2	-0.001	-0.003	
74			-0.051	0.038				-0.001	-0.003	
75		P3	0.178	-0.115			P3	-0.005	-0.002	
76			-0.115	-0.126		2乗誤差の偏微分		-0.005	-0.002	
77	O層2重み	P1	-0.067	0.005		O層2重み	P1	0.000	0.000	
78			0.198	-0.302				0.000	0.000	
79		P2	-1.515	-0.165			P2	0.000	0.001	
80			0.047	-0.964				0.000	0.001	
81		P3	-1.009	-0.321			P3	0.002	0.000	
82			-0.294	-0.407				0.002	0.000	
83	O層3重み	P1	-0.291	-0.118		O層3重み	P1	0.001	0.000	
84			-1.156	0.029				0.001	0.000	
85		P2	-2.006	-0.219			P2	0.001	0.001	
86			-0.181	-0.303				0.001	0.001	
87		P3	-1.241	0.004			P3	0.002	0.001	
88			-0.045	-0.006				0.001	0.001	
89	O層	bias	-0.580	-1.574	-2.500	O層	bias	-0.036	0.011	0.016

96画像の2乗誤差Cの合計がコスト関数C_T（§5 式(6)）

96画像の2乗誤差Cの偏微分の合計が勾配の成分の値

⑦ ⑥で求めた勾配から、重みとバイアスの値を更新。

勾配降下法の基本の式（→§5 式(5)）を利用し、フィルター、重み、バイアスを更新します（→2章§10）。それには、上記のワークシート⑥の下に新たにワー

クシートを作成し、更新値を算出します。

	パラメータの勾配1		1	2	3
59					
60			1	2	3
61	畳み込み層	F1	-0.017	-0.222	-2.295
62			-3.465	0.036	0.144
63			-1.755	-3.644	-3.020
64		F2	-0.150	-1.798	-0.314
65			-1.599	0.372	0.307
66			0.112	0.901	-0.346
67		F3	-0.044	-1.215	-0.024
68			0.031	-0.228	0.022
69			-0.165	0.177	-0.640
70		bias	-2.950	-0.971	-1.156
71	O層1重み	P1	0.057	-0.041	
72			0.151	-0.012	
73		P2	0.235	-0.077	
74			-0.051	0.038	
75		P3	0.178	-0.115	
76			-0.115	-0.126	
77	O層2重み	P1	-0.067	0.005	
78			0.198	-0.302	
79		P2	-1.515	-0.165	
80			0.047	-0.964	
81		P3	-1.009	-0.321	
82			-0.294	-0.407	
83	O層3重み	P1	-0.291	-0.118	
84			-1.156	0.029	
85		P2	-2.006	-0.219	
86			-0.181	-0.303	
87		P3	-1.241	0.004	
88			-0.045	-0.006	
89	O層 bias		-0.580	-1.574	-2.500

本章§5の式(5)と2章§10の式(8)を利用

	パラメータ		1	2	3
91			1	2	3
92	畳み込み層	F1	-1.274	-0.410	0.817
93			1.831	-2.405	-1.693
94			-0.443	1.627	1.279
95		F2	-1.244	2.698	2.364
96			0.969	-0.414	-2.115
97			-1.044	-1.385	-1.830
98		F3	-1.860	2.287	-1.285
99			-1.716	-2.045	-2.950
100			0.234	-1.358	0.335
101		bias	-2.773	-2.982	-1.508
102	O層1重み	P1	-0.287	0.133	
103			-0.992	0.720	
104		P2	-3.727	-0.579	
105			0.291	-0.790	
106		P3	-1.511	-1.987	
107			-1.062	-0.163	
108	O層2重み	P1	0.024	0.659	
109			-1.631	2.250	
110		P2	2.031	0.036	
111			-0.259	2.090	
112		P3	0.440	1.653	
113			2.305	-0.011	
114	O層3重み	P1	-1.264	-0.194	
115			3.758	0.055	
116		P2	1.014	0.262	
117			-2.094	-1.618	
118		P3	1.484	-0.487	
119			-0.135	-1.233	
120	O層 bias		2.176	-2.432	-1.318

勾配降下法の基本公式(→§5 式(5))を用いて、新たな重みとバイアスを算出。1回目の計算②～⑥のブロックと1行空けて、2回目の計算を開始する。

⑧ ③〜⑦の操作の反復

⑦で作成された新たな重みwとバイアスbを利用して、再度③からの処理を行います。こうして作成した2回目の処理のブロックを49ブロック分下にコピーします。これで50回分の計算がなされたことになります。

			1	2	3	50回目					
3883											
3884	畳み込み層	フィルター	F1	−0.394	−0.778	0.763	畳込層の重み付き入力	z^{F1}	−3.216	−4.484	−6.099	−0.309
3885				2.313	−4.053	−2.943			−3.216	−4.484	−6.099	−0.309
3886				0.988	1.948	0.912			−3.216	−4.484	−6.099	−0.309
3887			F2	−0.817	4.246	1.842			−3.216	−4.484	−6.099	−0.309
3888				2.675	−1.326	−3.111		z^{F2}	−3.176	−4.828	−2.382	−4.823
3889				−1.006	−2.767	−0.915			−3.508	−5.692	−3.355	−2.657
3890			F3	−1.730	2.926	−1.146			−3.508	−5.692	−3.355	−2.657
3891				−1.782	−2.365	−3.016			−3.508	−5.692	−3.355	−2.657
3892				0.005	−1.655	0.295		z^{F3}	−2.500	−6.367	−3.594	−6.006
3893		FM bias		−3.216	−3.508	−2.500			−2.500	−6.367	−3.594	−6.006
3894	出力層の重みとバイアス	z^O_1	P1	−1.211	0.954				−2.500	−6.367	−3.594	−6.006
3895				−2.703	0.826				−2.500	−6.367	−3.594	−6.006
3896			P2	−4.786	0.016		畳み込み層の出力	a^{F1}	0.039	0.011	0.002	0.423
3897				0.266	−1.135				0.039	0.011	0.002	
3898			P3	−2.105	−1.701				0.039	0.011	0.002	
3899				−0.873	0.083				0.039	0.011	0.002	
3900		z^O_1	P1	−0.442	−0.643			a^{F2}	0.040	0.008	0.085	0.008
3901				−2.800	2.627				0.029	0.003	0.034	0.066
3902			P2	2.881	−0.463				0.029	0.003	0.034	0.066
3903				−0.482	2.604				0.029	0.003	0.034	0.066
3904			P3	1.093	1.479			a^{F3}	0.076	0.002	0.027	0.002
3905				2.164	−0.228				0.076	0.002	0.027	0.002
3906		z^O_1	P1	−0.060	−0.447				0.076	0.002	0.027	0.002
3907				5.648	−1.518				0.076	0.002	0.027	0.002
3908			P2	1.080	0.230		プーリング層	a^{P1}	0.039	0.423		
3909				−1.703	−2.473				0.039	0.423		
3910			P3	1.299	−0.770			a^{P2}	0.040	0.085		
3911				−0.350	−1.479				0.029	0.066		
3912		O層 bias		3.124	−4.689	−2.088		a^{P3}	0.076	0.027		
3913									0.076	0.027		
3914							出力層		z^O	a^O		
3915								1	3.200	0.961		
3916								2	−3.460	0.030		
3917								3	−2.841	0.055		
3918				50回目C	0.617							

算出されたフィルターの成分と重み、バイアス

50回計算したときの、コスト関数の値

60行から120行のブロックを50ブロック分下にコピー。

以上で計算終了です。コスト関数C_Tの値を見てみましょう。

コスト関数$C_T = 0.617$

96個の画像からなる学習データなので、1画像当たり0.006です。2乗誤差の関数(→ §5 式(4))から、最大誤差が1画像当たり$3/2 = 1.5$であることを考えれば、良い結果といえるでしょう。

新たな数字でテスト

作成したニューラルネットワークは数字1、2、3を識別するためのものでした。実際に正しく識別するか、確かめてみましょう。次のワークシートはExcelの⑧のステップで得たパラメータを利用して、右の画像を入力した例です。「3」と判定しています。

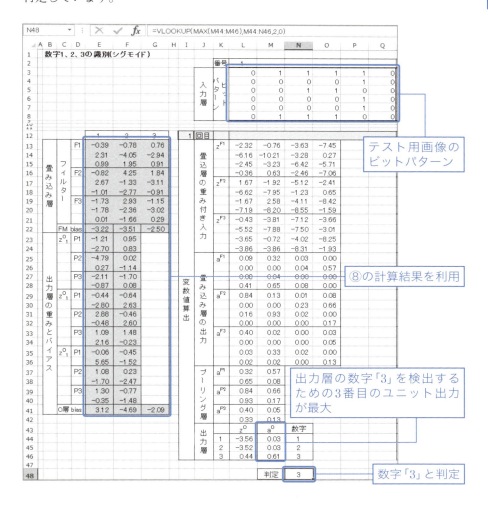

> **Memo　メモ　コスト関数 C_T の値を追ってみよう**
>
> 　コスト関数の計算結果を50回分追うと、勾配降下法の意味が実証的に納得されます。その論理から当然ですが、回を重ねるごとにコスト関数 C_T の値が小さくなっています。4章でも調べましたが、勾配降下法の優れた点は、この減少の速さがが最も大きいということです。
>
> | 回数 | C_T | 回数 | C_T | 回数 | C_T |
> |---|---|---|---|---|---|
> | 1 | 12.544 | 21 | 1.472 | 41 | 0.761 |
> | 2 | 10.171 | 22 | 1.412 | 42 | 0.742 |
> | 3 | 9.203 | 23 | 1.353 | 43 | 0.724 |
> | 4 | 7.845 | 24 | 1.298 | 44 | 0.706 |
> | 5 | 6.725 | 25 | 1.249 | 45 | 0.690 |
> | 6 | 4.956 | 26 | 1.203 | 46 | 0.674 |
> | 7 | 3.731 | 27 | 1.160 | 47 | 0.659 |
> | 8 | 3.328 | 28 | 1.120 | 48 | 0.644 |
> | 9 | 2.928 | 29 | 1.082 | 49 | 0.630 |
> | 10 | 2.749 | 30 | 1.046 | 50 | 0.617 |
> | 11 | 2.540 | 31 | 1.013 | | |
> | 12 | 2.392 | 32 | 0.982 | | |
> | 13 | 2.249 | 33 | 0.952 | | |
> | 14 | 2.122 | 34 | 0.924 | | |
> | 15 | 2.008 | 35 | 0.897 | | |
> | 16 | 1.904 | 36 | 0.871 | | |
> | 17 | 1.810 | 37 | 0.847 | | |
> | 18 | 1.708 | 38 | 0.824 | | |
> | 19 | 1.622 | 39 | 0.802 | | |
> | 20 | 1.543 | 40 | 0.781 | | |
>
> 　ところで、誤差逆伝播法をコンピュータで実行すると、コスト関数 C_T が減少しなくなる場合があります。それは、4章でも調べたように、学習率や初期値が不適切であることが原因と考えられます。学習率 η を変更したり、初期値を変更したりして、計算をやり直してみましょう。

付録

A 訓練データ(1)

1章、3章及び4章の 例題 で作成したニューラルネットのための学習データです。数字0と1を4×3画素で描いています。現実的なことを考慮して、同一画像も入っています。

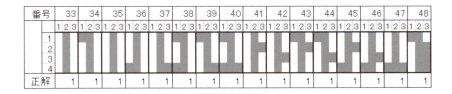

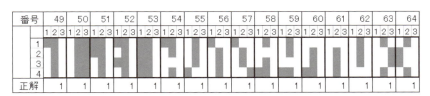

(注) 線が切れていたり、シミのようなもの入っていたりするのは、数字をスキャンしたときの雑音の影響と考えてください。

付録

訓練データ（2）

5章の 例題 で作成したニューラルネットのための訓練データです。数字1、2、3を6×6画素で描いています。画素は2階調（0と1の2値）です。

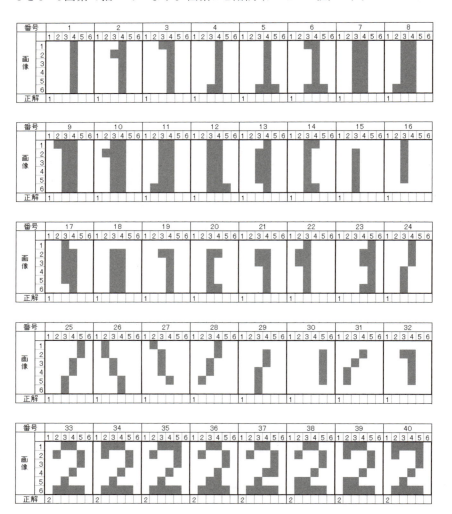

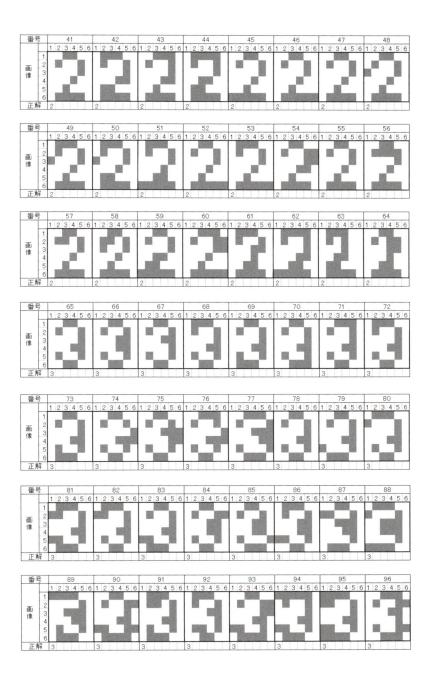

|付録|

パターンの類似度の数式表現

畳み込みニューラルネットワークの特徴マップの値には、フィルターとの類似度が入力情報となります。このとき、類似度として次の定理が利用されました。

> 3×3 画素からなる2つの数の並び A、F が下図のように与えられているとき、A、F の類似度は次のように求められる。
>
> 類似度 $= w_{11} x_{11} + w_{12} x_{12} + w_{13} x_{13} + \cdots + w_{33} x_{33}$ ……(1)
>
> | A | | | | F | | |
> |---|---|---|---|---|---|---|
> | x_{11} | x_{12} | x_{13} | | w_{11} | w_{12} | w_{13} |
> | x_{21} | x_{22} | x_{23} | | w_{21} | w_{22} | w_{23} |
> | x_{31} | x_{32} | x_{33} | | w_{31} | w_{32} | w_{33} |

この定理は、ベクトルの性質を利用して説明できます。2章§4で調べたように、2つのベクトル $\boldsymbol{a}$、$\boldsymbol{b}$ が似ているとき、その内積 $\boldsymbol{a} \cdot \boldsymbol{b}$ は大きくなるという特徴があります。内積 $\boldsymbol{a} \cdot \boldsymbol{b}$ の大小は2つの数の並びの類似性を表すと考えられるのです。

$\boldsymbol{a} \cdot \boldsymbol{b} = |\boldsymbol{a}||\boldsymbol{b}|\cos\theta$ （θ は2つのベクトルのなす角）

2つのベクトルの内積は、それらの矢の長さになす角の余弦をかけたもの。角が0に近いほど余弦は大きい値をとる。すなわち、似ているときには値が大きくなると考えられる。

この性質を利用するために、A、F を次のようにベクトルとみなします。

$A = (x_{11},\ x_{12},\ x_{13},\ x_{21},\ x_{22},\ x_{23},\ x_{31},\ x_{32},\ x_{33})$
$F = (w_{11},\ w_{12},\ w_{13},\ w_{21},\ w_{22},\ w_{23},\ w_{31},\ w_{32},\ w_{33})$

すると、2つのベクトルの内積 $A \cdot F$ は上記の式(1)の右辺に一致します（→2章§4）。すなわち、式(1)を類似度と解釈できるのです。

索引

記号・英数字

∂ 101
∇ 91, 100
$\varDelta$ 75
η 97, 101
Σ 記号 60
1次関数 48
1次の関係 48
1変数関数の近似公式 89
2次関数 50
2次の単位行列 72
2乗誤差 107
2変数関数の勾配降下法 97
3次の単位行列 72
3変数以上の勾配降下法 99
AI 10
Amazon Machine Learning 189
Azure 189
BP法 157
L2プーリング 202
MMULT 176
neural network 10
NN 10
p 106
q 106
TensorFlow 189
TRANSPOSE 176
Watoson 189

ア行

アクティベーション関数 21
悪魔 32
アマダール積 73
イータ 97
位置 62
一般項 56
ウィーゼル 44

カ行

応力テンソル 70
重み 17
重み付き入力 19, 24, 49, 198

カ行

回帰係数 106
回帰分析 46, 105, 130
回帰方程式 106, 112
階乗 59
階層型ニューラルネットワーク ... 27, 114
学習係数 101
学習定数 148
学習データ 45, 124
確率分布 53
確率密度関数 53
隠れ悪魔 32
隠れ層 27
傾き 48
活性化関数 20, 58
活性度 22
期待値 53
機能的定義 56
逆漸化式 219
行 71
教師用データ 45
行ベクトル 71
行列 71
　　差 72
　　積 73
　　和 72
近似公式 89
　　ベクトル表現 91
クロスエントロピー 128
訓練データ 45
交差エントロピー 128
合成関数 85
　　微分公式 77, 86

| 索 引 |

勾配	97, 147
勾配降下法	67, 93, 144, 157
興奮度	22
コーシー・シュワルツの不等式	66
誤差	158
総和	46
誤差関数	109, 129
誤差逆伝播法	49, 77, 122, 137, 150, 151, 157, 163
コスト関数	45, 50, 109, 129, 201
コンボリューション層	178

サ行

最急降下法	94
最小2乗法	46, 50, 109
最小条件の方程式	157
最大プーリング	187, 197, 202
最適化	45, 129, 132
最適化問題	105
細胞体	14
産業用ロボット	12
三平方の定理	64
しきい値	15, 24
軸索	14
シグマ	60
シグモイド関数	19, 22, 52, 78
視細胞	44
視神経細胞	44
指数関数	52
始点	62
シナプス	14
従属変数	49, 81
終点	62
樹状突起	14
出力悪魔	32
出力信号	16
出力層	27
出力の解釈	22
初項	55, 158
シンギュラリティ	46
神経細胞	11
働き	14
人工知能	10
人工ニューラルネットワーク	27
深層学習	10
数列	55
正規分布	53
正規乱数	54
成分	72
正方行列	71
切片	48, 106
説明変数	106
漸化式	56
線形性	61, 77
全結合層	29
層	27
増減表	80
ソルバー	208
損失関数	109, 129

タ行

第 n 項	55
畳み込み	178, 185
畳み込みニューラルネットワーク	27, 67, 178, 182
多変数関数	81
チェーンルール	87
多変数関数の近似公式	89
単位	20
単位行列	72
単位ステップ関数	18, 51
チェーンルール	77, 85
中間層	27
底	52
ディープラーニング	10, 28
定数倍の微分	77
テイラー展開	92
手下	32

デル 101
デルタ 75, 101
テンソル 70
伝達関数 21
転置行列 74
導関数 75
特徴抽出 31, 44
特徴マップ 185, 195
独立変数 49, 81

ナ行

ナブラ 91, 100
ニューラルネット 10
ニューラルネットワーク 10, 26, 31
入力信号 14
入力層 27
ニューロン 11
　　模式図 14
　　略式図 20
ネイピア数 52

ハ行

バイアス 24, 42
パターン認識 12
発火 11, 15
　　グラフ化 18
　　式 21
バックプロパゲーション 157, 165
ハミルトン演算子 100
パラメータ 112
反応度 22
必要条件 79
微分 75
　　性質 77
微分記号 76
ヒューベル 44
標準偏差 53
プーリング層 178
フォワードプロパゲーション 165

分数関数の微分 78
平均値 53
平均プーリング 202
ベクトル 62, 71
　　一般化 68
　　大きさ 64
　　成分表示 63
　　内積 65, 96
変位ベクトル 100
変数 112
変数名 116
偏微分 82
法線ベクトル 70

マ行・ヤ行

末項 55, 158
向き 62
目的関数 129
目的変数 106
矢印 62
有限数列 55
有向線分 62
ユニット 11, 20
　　誤差 151, 156
　　ネットワーク 26
予測値 107

ラ行・ワ行

ラウンド 101
ラグランジュの未定乗数法 84
列 71
列ベクトル 71
連鎖律 86
連立漸化式 58
和の微分 77

239

Profile

涌井 良幸（わくい よしゆき）

1950年、東京都生まれ。東京教育大学（現・筑波大学）数学科を卒業後、千葉県立高等学校の教職に就く。
教職退職後はライターとして著作活動に専念。

涌井 貞美（わくい さだみ）

1952年、東京生まれ。東京大学理学系研究科修士課程修了後、富士通、神奈川県立高等学校教員を経て、サイエンスライターとして独立。

本書へのご意見、ご感想は、技術評論社ホームページ（http://gihyo.jp/）または以下の宛先へ、書面にてお受けしております。電話でのお問い合わせにはお答えいたしかねますので、あらかじめご了承ください。

〒162-0846　東京都新宿区市谷左内町21-13
株式会社技術評論社　書籍編集部
『ディープラーニングがわかる数学入門』係
FAX：03-3267-2271

●装丁：小野貴司
●本文：BUCH⁺

ディープラーニングがわかる数学入門

2017年4月10日　初版　第1刷発行
2017年9月9日　初版　第3刷発行

著　者　涌井良幸・涌井貞美
発行者　片岡　巖
発行所　株式会社技術評論社
　　　　東京都新宿区市谷左内町21-13
　　　　電話　03-3513-6150　販売促進部
　　　　　　　03-3267-2270　書籍編集部
印刷／製本　図書印刷株式会社

定価はカバーに表示してあります。

本の一部または全部を著作権の定める範囲を超え、無断で複写、複製、転載、テープ化、あるいはファイルに落とすことを禁じます。
造本には細心の注意を払っておりますが、万一、乱丁（ページの乱れ）や落丁（ページの抜け）がございましたら、小社販売促進部までお送りください。送料小社負担にてお取り替えいたします。

©2017 涌井良幸、涌井貞美
ISBN978-4-7741-8814-0 C3041
Printed in Japan